解晚晴 xie wan qing / 著

谢生命中的不完美

一部冲破生命迷障，重获自我信仰的勇气之书

台海出版社

图书在版编目（CIP）数据

感谢生命中的不完美 / 解晚晴著. —北京：台海出版社, 2018.11

ISBN 978-7-5168-2011-7

Ⅰ.①感… Ⅱ.①解… Ⅲ.①成功心理－通俗读物

Ⅳ.①B848.4-49

中国版本图书馆CIP数据核字(2018)第254711号

感谢生命中的不完美

著　　者：解晚晴

责任编辑：武　波　童媛媛　　　装帧设计：创品世纪

版式设计：郑祥玲　　　　　　　责任印制：蔡　旭

出版发行：台海出版社

地　　址：北京市东城区景山东街20号　　邮政编码：100009

电　　话：010—64041652（发行、邮购）

传　　真：010—84045799（总编室）

网　　址：www.taimeng.org.cn/thcbs/default.htm

E-mail：thcbs@126.com

经　　销：全国各地新华书店

印　　刷：三河市双峰印刷装订有限公司

本书如有破损、缺页、装订错误，请与本社联系调换

开　　本：880mm×1230mm　　1/32

字　　数：167千字　　　　　　印　　张：7.75

版　　次：2019年1月第1版　　印　　次：2019年1月第1次印刷

书　　号：ISBN 978-7-5168-2011-7

定　　价：39.80元

目 录
CONTENTS

第一卷
忆往昔·
昨日之日不可留

　　蓦然回首，多少前尘旧事都被时光无声地放大再缩小了；

　　出走半生后，我们都成了故乡的临水照花人。

那些回不去的旧时光

国庆假期回了趟陕南老家，拍了家乡雨后初霁的照片发到朋友圈，引发了众多人的点赞和热评。

有人说，那么美的地方，像人间仙境，也像世外桃源，真羡慕你；也有人说，什么时候去你家乡旅游吧，真正的原乡风景。

真有那么好吗？

我不由得用心凝视起那些照片来：此时已是深秋，层林尽染，延绵起伏的群山被轻雾环绕着，漫山遍野都是五彩斑斓的黄栌。掩映在丛林中间的是若隐若现、红白相间的小洋楼；远处的公路，像飘带一样围着山体盘旋而上；再远的地方，是蓝得像锦缎一样的天空，以及被天空晾晒出来，像白衬衣一样飘荡的云朵。

这样纯净而具有油画色彩的原乡风景，的确很美，美得像燃烧的梦，也似童话中的城堡。

尤其是长期生活在高楼林立、嘈杂拥堵的城市，就更容易被这样澄澈纯净的美所击中，愈发觉得这才是最理想的生活环境。

　　那年，去北京香山看红叶，当我看到很多枫树和黄栌时，不禁哑然失笑。这样的美景，故乡漫山遍野都是，何必要这样千里迢迢，舍近求远呢？

　　也许是当局者迷吧！

　　在我们有限的光阴里，多数时间都会过得懵懵迷茫。年少时，我们总喜欢站在时光的对岸横刀立马，总在等待着向未来源源不断地索取，总觉得一生那么长。

　　然而转眼秋至，当阅尽了人间的浮世沧桑，等到沉淀下来幡然醒悟后，才突然发现那些不被珍惜的旧时光，竟然美得像一幅画。

　　只是那些一去不复返的旧时光，只能永远定格在回忆里，一切都回不去了，于是不免又会格外惆怅。

　　每每午夜梦回时，只能在忧伤入肺的清愁里辗转反侧，然后怅然若失地独自吟哦着：昨日黄花憔悴损，物是人非事事休。

　　十四岁之前，我一直住在农村。小时候真不觉得家乡有多美，那时，总认为山区过于贫瘠闭塞；而我要的是五光十色的繁华热烈，是锦衣玉食的纵酒高歌。

　　那时的故乡比现在更幽静纯粹，没有任何的开发污染。

　　故乡位于秦岭以南，是古时的秦楚边陲，素有"陕西小江南"之称。那里不止山高林密，山河相依，空气更是清新纯净，民风也极其淳朴。但却由于地广人稀，常常几里地也见不到一处人烟，便显得格外的空旷寂静。

　　太过寂静的日子，往往多了单调、孤寂的意味。

　　风华年少的我，自然是不懂的。

　　那时生活的全部内容，不过是每晚枕着山风入梦，清晨再听着鸟鸣醒来。每天，睁眼对上的便是峰峦叠翠的青山；低下头，不过是长满杂草的野地。这样的日子，常常过得没了时间概念，睁眼一天，闭眼又是新的一天。

　　一直到我十岁，村里不仅没通公路，更没通电。家家户户用的都是煤油灯，灯光暗淡发黄，还散发出刺鼻呛人的油烟味。在那样的灯光下看书、劳作，总是不由自主地想流泪。

　　母亲总是督促我们，趁着白天做事。白天做完了该做的事，夜幕降临以后，大把大把的时间，就更无所事事了。

　　夏天还好，大人们常常轻摇着蒲扇，坐在院子里闲话家常。而我们则和村邻家的阿猫阿狗、山间的闲花野草，以及各种有趣的昆虫戏耍逗乐。甚至漫天的星光，夜色里的萤火虫，还有皎洁明亮的月亮，都成了我们嬉戏的对象，因为除了这些，我们没有别的娱乐方式。

　　尤其是到了暑假，没了学业的束缚，我们便成了野孩子。每天都像散落在山野间的小兔子，尽情地跟大自然撒着欢。

　　而严寒刺骨的冬天，往往过得最快，一炉烧得噼里啪啦的柴火，几个土豆或者红薯埋进火堆，不一会儿就散发出清新诱人的甜香。在遇到大雪纷飞的日子，祖母还会取出一个小桶状的深铁罐（老家人叫吊罐），把罐子挂在火上，炖上一罐子萝卜腊肉。

只消一个时辰，便会散发出馥郁的浓香。

我们馋得像猫一样，把口水吞咽得叽里咕噜的，但却只能眼巴巴地看着“滋滋”作响的吊罐，谁也不敢妄动。因为极其严厉的祖母说了，谁不听话便不能吃。在那个物质匮乏的年代，那算是最重的惩罚了。

最难挨的日子要数乍暖还寒的春天，没了炉火和美食，天气又极阴冷潮湿，每当夜幕降临时，我们便被母亲强行塞进了被窝。只是，一时半会儿睡不着，姐弟几个便像“吱吱咕咕”的小老鼠，在你掐我拧的嬉闹下，很快便会上演一出哭哭啼啼的大戏。

于是一向温柔慈爱的母亲便立即变了脸色，声音顷刻就高了八度；须臾间，一场电闪雷鸣的“风暴”就降临了。

为了平息“风暴”，我们只能蔫蔫躺着，连大气也不敢出，时间便愈发的漫长难熬了。

因此，每年早春的夜，总是显得过于无聊无趣，于是，我们总盼着天气快点暖和起来。

唯一让我们欢喜的是无论去谁家戏耍，总饿不了肚子。虽然那时物质匮乏，但邻里间却异常亲近。不管去了谁家，只要赶上饭点都有饭吃。哪怕仅仅只是一碗土豆玉米糊糊，再配上自家腌制的咸菜。

到我十岁那年，村里集资建了一个小型水电站，不久后，村长家便买了台二手的黑白电视机。自此，原本寂静得不食人间烟火的小山村，便开始变得喧闹沸腾起来了。后来，又修了公路，外面的信息一点点传进来，人们便不再安于小山村的寂静，越来越多的人开始走出大山，融入外面的世界。

　　而一天天长大的我，逐渐不满足与闲花野草为伴，再也不喜欢与昆虫等小动物戏耍了。总渴望着自己快点长大，渴望着早早去见识外面丰富多彩的世界。那样的念头一发芽，便在心底扎了根，很快就疯长成铺满心田的藤蔓。

　　热闹沸腾的村庄，在人们逐渐的出走当中，又渐渐变得安静起来。最先，男人少了，慢慢地，女人也少了；再后来，适学的孩子也开始减少；后来的后来，只留下一些孤寡老弱还镇守着村庄，而原本炊烟袅袅的村庄，开始一步步走向寂寥落寞。

　　十四岁那年，我如愿走出了大山，去了向往已久的城市。不过，却是另外一种心境，带着无法诉说的苦涩，带着对命运的抗争。

　　彼时，我不过是一个孱弱的少年，却过早地背起了沉重的行囊。

　　在无数个烟火缭乱的日子，为了自己所向往的一切，硬生生地把眼泪逼回眼眶。不去想几百公里之外的亲人，也不再想念那座生我养我的大山。那时，在我的人生字典中，山区就是贫困和落后的代名词。

　　于是总渴望着破茧成蝶，渴望把自己活得雅致艳丽，渴望过得优越富足，渴望成为别人心中标榜的成功者……

　　一晃很多年过去了，别人看我已是繁花似锦，我却不再心生喜悦，只是平淡似水地告诉别人，我出生在山高水远的小山村。

　　人这一生，总要经历一些事情，只有经历才能让我们看清自己的内心。年少的时候，总是喜欢花红柳绿地招摇过市，现在不了。因为那些浮华的热闹，终归是给别人看的；而生活却是自己的，没必要把自己的人生过得像演戏，每一分每一秒，都在观众设定的角色里唱念做打。只有适合自己的，才是最好的。一旦舍去了那些自我膨胀的虚荣，便能抵达自己的真心，知道自己真的要什么了。

陶渊明说："久居樊笼里，复得返自然。"在城市居住得久了，反倒越来越怀念家乡的宁静空寂，越来越不喜欢都市的喧嚣热闹和觥筹交错的应酬。即使偶尔参加一些无法拒绝的饭局，也常常少言寡语，实在不喜欢那些程序化的客套，写满目的的寒暄。

更多的时候，只是礼貌而安静地赔笑。只是笑得久了，脸上的肌肉就僵了，总觉得那样的自己，像是戴了一张人皮面具。那些花红柳绿的热闹，衣香丽影的推杯换盏，对于我来说恍然间就是一场戏，而我不是演员，只是静默无声的观众。

于是越来越喜欢独处，越来越喜欢安静。

安静的时候，喜欢一个人喝茶。有时候泡一杯玫瑰，而更多的时候会用透明的玻璃杯，泡上鹅黄柳绿的安吉白茶，任那些嫩芽在水里袅袅浮沉；然后听古琴曲，有时是古筝或者佛教音乐。听着听着，思绪也跟着缥缈流动起来，远眺着蓝天上盈盈飘荡的白云，顷刻间，仿佛又回到了故乡。

周末的时候，常常驾车独自进山。哪怕什么也不做，只在山坳处坐上小半天，也会心情舒畅，周身通泰。那个时候，好像自己全身的毛细血管都张开了，自由自在地吸收着天地的清气。

前日，儿时曾形影不离的朋友在微信上留言说："我感觉自己都过成陀螺了，再打拼上一段时间，老了就回乡下去住。"

我笑着跟朋友说："那以后我们做邻居吧！"

朋友起初鼓掌叫好，但很快却蔫蔫然，想想可以，但我们都回不去了。其他不说，单这几十年城市的生活习惯，回去我们也难以适应了。

我心里黯然，但知道她说的是实话。

其实，人生就是这样，当初很多不以为然的曾经，直到再也回不去的时候，我们反而会一遍遍地去追寻，去怀念。

或许这就是人性吧！生来就喜欢这山望着那山高，但等身在其中了，又会觉得厌倦；而一旦远离，却又有了渴慕和向往。我们常常总是浪费了太多美好的当下而浑然不知，待到日暮西山春欲晚时，却又总是一遍遍对着那些回不去的旧时光而心生眷恋。

只是对于生命这趟单程列车来说，很多时光一旦被风吹过，便成了永远的曾经；不管当初多么热烈盛大，多么繁花似锦，到底还是旧了，远了，再也回不去了。

母亲·刺绣

　　母亲年轻时是个美人，不止在我们那个村子，就连去了镇上也是十分出挑的女子。至今还记得幼时，每次母亲带我赶集，总能看到很多人对母亲行注目礼。

　　每次我都轻轻拽拽母亲的衣角，声细如蚊地说："妈妈，很多人看你呢！"

　　母亲淡淡地看我一眼，抿嘴一笑，低下头紧拉我的小手，迅速地钻进人堆里，采办着自己需要添置的物件。

　　只记得母亲年轻时很美，到底美到什么程度，如今在她那张染满风霜的脸上，已找不到半点证据了。但有一天，当我无意间翻到母亲年轻时的一张黑白照片时，还是被惊艳到了。

　　纤细修长的身材，白皙娇嫩的皮肤，水汪汪的大眼睛，一头乌黑油亮的麻花辫子被母亲轻轻拉到胸前，另外一只手上握了一卷书。因为是黑白照片，只能显示母亲穿着普通的白袄黑裤，但却愈发映得母亲姿容娟秀，清逸出尘。

　　母亲的美，绝不等同于普通的乡村女子。母亲上完初中后，便担负起教书育人的职责。有了文化的滋养，母亲在举手投足之间便会流露出浓浓的文艺气息。于是在母亲的身上，便多了一份乡下女子所没有的知性优雅。很多从城里来的见过世面的人都说，母亲生错了地方，应该生在城里。

　　母亲不止人漂亮，手还极巧，做得一手好针线活，尤其是绣品，更是出类拔萃。

　　在我离开家乡之前，我们姐弟所穿的鞋子，除了雨天的胶鞋，全是母亲纳的千层底。母亲所做的布鞋，和一般普通黑帮白底的毛边布鞋不同，不光鞋底滚着光滑雪白的边，她还会在鞋面绣上自己精心设计的花样。

　　有时是一簇桃花，有时是几枝麦穗，当然也有花鸟鱼虫之类。只要母亲认为适合绣在鞋面上的图案，最终都会变成母亲的作品，被我们穿在脚上、身上。说来也怪，那些看似平常，取材于生活的普通花样，一经母亲之手，仿佛立刻就有了化平常为神奇的力量，竟然跟真的一般。

　　很自然，我们姐弟的身体，就成了母亲绣品的活展台。不管是串门还是走亲戚，村里的街坊邻居每每看到那些栩栩如生的图案，便会啧啧地称赞半天。一边恨自己手太笨，一边笑眯眯地塞一把糖果在我们的口袋里，然后让我们给母亲捎话，得空要前去家里求花样、鞋样。

　　每逢周末，常常便会有零零散散的年轻媳妇，一手牵着孩子，一手再拎着自家菜园里现摘的瓜果蔬菜，前来请母亲剪花样，教技巧。母亲为人热情亲善，虽然并不吝啬于自己的技艺，但对于别人的馈赠，她总是显得很难为情。

每次都极力推辞："都是些小事，拿这些做什么？快拿回去。"

那些媳妇便抿嘴笑着："都是自家种的，也值不了什么钱。老师若见外不收，我以后也便不好意思再麻烦。"

总不能给人家再送回去吧？屡次推让不过，母亲便转身去了睡房，在那口上了锁的大红箱子里，取出被她视若珍宝的样包来。

而后她们便在院子里的树荫底下，拉了桌椅板凳，铺开架势细细地比画、描摹、勾勒、剪裁起来。

我们小孩子则在一旁玩泥巴，有时我会偷瞄母亲，只见她浅笑盈盈地微微低着头，手上的动作并不停歇，再时不时看看其他人手里的活计，轻声地吩咐几句。有时遇到不满意的地方，还会接过她们手里的绣品，手把手地教她们绣上几针。遇到笨拙一点的，母亲便只能放下自己手里的活，极有耐心地一遍遍示范着，直到她们学会为止。

不知为何，每次看着母亲绣花，总感觉那些红红绿绿的线，在母亲手里像是有了灵性和生命，母亲怎么指挥，它们便怎么排列。我常常望着捏针微笑、柔婉慈爱的母亲，只觉得她是那样美，美得像神话里的仙女。

母亲的样包会上锁，还是缘于我的调皮捣乱。

一次趁母亲不在家，我偷偷打开了她的样包，看到里面不止夹满了形形色色剪好的花样，还有一些画好没剪的。于是我便自以为是地替她剪裁起来，那时还太小，手并不灵活，好几个花样都被我剪坏了。

后来我忐忑至极，怯怯地把整件事告诉了母亲。原以为母亲会责怪我，没想到她只是心疼而惋惜地盯着那些花样看了一小会儿，轻轻地刮了一下我的鼻子说："你呀，真是太调皮了，以后不能再动了，要学也要等你再大一点。"

说完，母亲拍了拍样包，轻轻地叹息一声，一模一样的怕是很难再画出来了，而后她的样包便上了锁。

后来，我再大一些时，母亲抽空便会做好花样教我绣花。

等针线真到了自己手上，才体会到母亲看似平常轻松的样子，对我来说到底有多难。不止针线不听使唤，有时还会扎到手。我倒是笨手笨脚、断断续续地绣了几幅图案，但怎么看怎么别扭，自然无法跟母亲绣的相比了。

后来，在很多暮雨纷纷，或者暮色深沉的夜里，我一觉醒来时，仍然会看到母亲在昏黄的煤油灯下飞针走线。在当年的我看来，那不过是一件最稀疏平常的事情，我丝毫没觉察，更无从体会作为一个母亲的不易和辛苦。

母亲不止给我们做绣鞋，还做绣花鞋垫，甚至有时也会在一些素色的衣服上，别出心裁地绣上几针，于是那些衣服就愈发漂亮了。

后来的后来，当外面的信息逐渐涌进山区，布鞋就不时新了。当很多人都开始穿运动鞋、皮鞋之后，我却依然穿着母亲纳的千层底，依然穿着母亲绣着各色图案的布鞋。慢慢地，有同学开始嘲笑我，说我落伍老土。

我便常常渴望自己也能拥有一双皮鞋。那种虚荣的念头一旦在心底扎了根，对于母亲做的布鞋，便怎么看怎么别扭，竟然生出抗拒厌倦的情绪。

可母亲总说："自己做的东西，穿着还是舒服。"坚决不允许我赶时髦，不给我买皮鞋。

每次看着同学穿着擦得油光发亮的皮鞋，我羡慕极了，愈发觉得自己脚上的绣花布鞋老土俗气。可又拗不过母亲，只能在心底愤愤不平地埋怨着。于是总期望着脚上的布鞋快点坏掉，那样在母亲措手不及的情况下，才有可能给我买皮鞋。

可怎奈母亲做的布鞋太过结实，怎么也穿不坏。为了能实现穿上皮鞋的愿望，我便不再爱惜布鞋，就算碰到下雨积水的路段，也会毫不顾惜地一脚踏下去；哪怕是棱角分明的石头，我也照踩不误；总之，所有能够促使布鞋变坏的机会，一次也不错过。

有一天，当我蹦跶着经过邻居家的杂物堆时，一枚弯曲的钉子斜斜地剜进鞋面，不但绣花鞋被扯了一条两寸多长的口子，就连我的脚也被钉子戳烂了，顷刻之间血流如注。

我哭泣着瘸回家，理直气壮地把鲜血淋漓的脚伸到母亲面前，声泪俱下地对母亲控诉着："都怪你，如果我穿了皮鞋，脚也不会伤成这样。"

母亲的脸色"唰"的一下就白了，像做错事的孩子，默默低下头。停顿了几秒后，便转身去橱柜里找出碘酒，脱下我脚上的布鞋，细心地帮我清理起伤口来。脚的确被伤得不轻，她每擦一下，因为剧痛我都要撕心裂肺地尖叫一声；我一尖叫，母亲就显得更紧张；母亲一紧张，我就故意叫唤得更加凄惨。

过了好一会儿，母亲才替我清理完伤口，因为担心伤口会感染，她还找了红霉素颗粒碾碎了，替我涂在伤口上。终于包扎好了，她直起腰轻声对我说："明天我会给你买双新鞋回来。"

我听了心里窃喜。

当她转身时，我看到她额前的刘海湿答答地粘在一起，显然是过于紧张和心疼我，给我上药时被汗水浸湿了，我心里有那么一丝内疚。

这天夜里，我一觉醒来，发现母亲还在昏黄的煤油灯下飞针走线，想着第二天我即将穿上新皮鞋，便翻过身又睡着了，梦里全是穿上皮鞋的喜悦兴奋。第二天清晨起床，母亲把已经做好的新布鞋递给我，原来她为了赶工竟然熬了一夜。看着她布满血丝的眼睛，我惭愧地低下了头。

傍晚的时候，两双新鞋同时摆在了我面前。一双是新买的回力牌运动鞋，另外一双是母亲连夜熬红了双眼，赶制出来的绣花布鞋。

我一看竟然没有期望的皮鞋，原本涨满喜悦的心，瞬间暗了下去。

母亲拍了拍新做的布鞋对我说："还是布鞋穿着舒服，只是时间太仓促，这花绣得简单了点。"

我连布鞋看也不看一眼，便快速拿起运动鞋往脚上套，也顾不得脚上的伤痛，赌气地一瘸一拐去找小伙伴了。

尽管穿了几天运动鞋后，真的觉得还是布鞋舒服，可为了不被同学们嘲笑，我宁愿一直穿着运动鞋，再也不穿母亲做的布鞋了。

而那双母亲连夜辛苦赶制出来的布鞋，便成了永远的摆设。有好几次，我都看见母亲悄悄地拿着那双鞋叹息。母亲见我们都不穿绣花鞋了，后来便只做绣花鞋垫。

时光飞逝，转眼自己也成了孩子的母亲，才开始懂得母爱的绵密。再忆起那段往事时，我才认识到自己当初有多么自私和残忍。

几年前去旅游时，在苏州拙政园看到一款宝石蓝的苏绣手包，一看价格两千多元；去半生缘买旗袍，一件紫色的真丝彩绣旗袍，竟然要八千多元。

我微笑着摇了摇头。

店员看出我的心思，细细地介绍着："现在最奢侈的就是纯手工制品，一针一线都浸透着劳作者的心血和汗水……"

我不由得想起母亲，想起我们小时候母亲为我们做的那些绣品来。

可怜天下父母心，曾经的一针一线，该是何等的珍贵？母亲绣的不是她眼中的图案，而是对我们姐弟浓厚而绵密的爱啊！只是那时年幼，一次次伤了母亲的心而不自知，母亲却从未怪过我。

父亲去世之后，母亲长时间情绪低迷，整个人愈发地孤单寂寥了。叫她来城里住，她总是不肯，就算偶尔过来住上一两天，末了总会找理由要回去。说不习惯，舍不得家乡的山山水水，一草一木，乡亲邻里。

我懂母亲的心思，她最舍不得的，当是父亲留下的一切，便也由着她。

人总得有个寄托，我便试着问母亲："你现在还能绣花吗？"

母亲幽幽地说："你们都不愿意穿了，我还绣那个做什么？"

我说，你要还能做，我就穿。只是不要急，慢慢做，一年一双就够了。

后来，母亲每做好一件绣品，我便找借口让她送到城里来，顺便再留她小住上一周、半个月的。渐渐地，母亲变得一日比一日开朗起来了。

有一次，跟母亲逛街，别人看到我脚上的绣鞋，啧啧地称赞着说："这花绣得可真好看。"

我骄傲地扶住母亲的肩膀说："好看吧，这是我母亲做的呢！"

别人投来羡慕的眼神，母亲羞涩地低下了头，眼里已有了盈盈的泪光。

戏曲·外公·古今

骄阳似火的盛夏，去了苏州，游拙政园到汗流浃背时，找了一处茶馆听评弹。

茶虽只是普通的大叶碧螺春，但那评弹却是极妙的。软语婉转，弦琶琮铮，十分悦耳。听过评弹，再在九曲回廊的园子里散步时，这园子里五百年前的一些人事，在脑海里便变得立体鲜活了。

后来去了周庄，坐在空旷辽阔、古色古香的露天剧场听昆曲。彼时月光皎洁，清逸婉转的曲调胜似天籁，沉醉其中，感觉自己瞬间就成了敦煌飞天中的仙女，缥缥缈缈，清逸出尘。再配合着细腻优美的舞姿，委婉起伏的声腔，还有周庄灯火旖旎的夜色，一切美得就像在梦中。

一直到我走出戏楼，在人声鼎沸的临水古街徜徉时，还感觉那些曲调在脑海里缠绵婉转。直到此时，我才真正体会到为什么昆曲会被称为"百戏之祖"，难怪有那么多人迷恋江南，迷恋苏州。

作家雪小婵说它有妖气，我亦觉得，苏州就是一个千娇百媚的妖精。

古宅、水乡、园林、评弹。最魅惑人心的，当数昆曲，那是一种说不清、道不明的意蕴，好像魂被那些缠绵悱恻的事物给勾住了，然而你却无法靠近，只能镜中看花、水中望月地惆怅着，轻盈着，向往着，欲罢不能。它们直抵心扉，撞击着你的灵魂，撞击得你想落泪，总觉得自己抓住了什么，但等你真正想诉说时，却又好像一切都是空的，一切都只是虚幻。像曹公笔下的宝玉，不过是去了太虚幻境走了一遭。

这样似曾相识的感觉，在我童年时便有过。

小时候我是听着戏曲长大的，那时还懵懵懂懂，不大记事。大人看戏，我听戏。尽管听不懂唱词，但那起伏错落，新奇婉转的曲调，我倒是分外喜欢。当然更多的时候，听着听着，便在母亲背上与周公相会了。待我醒来时，台上往往还在铿铿锵锵、噼里啪啦、眼花缭乱地打着；有时也会是咿咿啊啊的唱腔，像隔着云端飘过来。睡意很快又涌上来，隐隐觉得，自己像是漂浮在江面上的一叶小舟。

长大一些的时候，母亲告诉我那叫戏。于是每年春节，便跟随大人十里八乡、半夜三更地跑着看戏。

外公就是一名戏曲演员，家在与我老家镇安相邻的山阳县。每年过了腊八，外公会陪外婆来我家小住，一直到正月十六过完春节后，才会跟随他们县里前来演出的剧团返回。那时，外公他们的剧团，每年都要在我们小镇演十几场戏。

初始我并不知道戏曲有那么多分类，只是图个新鲜热闹。长大后才知道，外公他们剧团所演唱的戏曲剧种，属于汉调二黄，是陕西地方戏曲剧种的一类，不止剧目丰富多彩，在艺人中也颇有影响，久有"唐三千、宋八百、野外史传数不得"之称。汉调二黄取材范围甚为宽广，远至上古传说，近到明清故事，活脱脱就是一部"中国通史演义"。偶尔在与我们闲耍的时候，外公还会唱曼川大调和黄梅戏。

我四五岁时，对戏曲的感觉非常矛盾。既觉得神秘新奇，想靠近；但同时又充满了恐惧的疏离。喜欢听那些或缠绵悱恻、或铿锵激昂、或婉转凄凉的唱腔，但又害怕看到那些被画得五彩斑斓的脸谱。

尤其在外公上了妆之后，我坚决不要他抱。因为乡下闭塞，经常会听到鬼怪神灵之说，只要看见他们涂上油彩的脸，我即刻就联想到鬼怪，顷刻之间便把他们与那些妖怪画了等号。

记得五岁那年，我家包了一台戏。一米多高，六十平方米大小的戏台就搭在我家院子里，四面都用大红帘缦遮住，从屋子到舞台之间，隔了一条窄窄的演员专用通道，我的卧室被用作临时的化妆间。

开演之前，演员们紧锣密鼓地上着妆，我偷偷躲到门外，好奇地看着他们对着镜子描眉画眼，但内心却极其忐忑。

突然一个化了妆的演员起身朝外走，我像一只受惊的小兔子，转过身撒腿就跑。就连脚上的鞋子掉了一只，我都不敢回头去捡，一直跑出老远，心还在"怦怦"地跳着。到了晚上戏开演时，我不敢近距离看，便跑到邻居家的麦草垛上坐着听。

看不清他们的脸，只隐隐能看到舞台上晃动的人影，但那些美妙无比的唱腔却听得真切。夜渐深了，我便在那些飘飘袅袅的声音里不知不觉地睡着了。

第二天清晨，我醒来后发现自己躺在床上，就揉着蒙蒙眬眬的眼睛问母亲："戏结束了吗？"

母亲打趣我说："在梦里，周公没给你演戏吗？"

我一脸疑惑地摇摇头。

母亲轻轻刮了一下我的鼻子，"扑哧"一声便笑了，柔声地告诉我："你外公扮演了一个小媳妇，入木三分，惟妙惟肖；后来还扮演了土地公公，也是极其传神的，那可真是有趣极了。"

然后又一脸惋惜地感叹着："你没看到，真是太可惜了！"

面对母亲那时的遗憾，当时不觉得，但今天回想起来，倒真的觉得惋惜了。

在我八岁之前，每年春节老家都要唱大戏，从大年初一一直唱到正月十五。基本上一天一场，唱戏的时候，全村人、乃至十里八村的，都会提了炭火，成群结队地赶去包戏的主家看戏。那场面也是一场大戏，只是台上的演员演的是故事，而台下的观众演的是自己的生活。

每次有外公演出的那天，外婆都会带我去看。外公总会给我们留最前排的位置，因为害怕，我便只好把脸埋在外婆怀里，像小老鼠一样，"咯吱咯吱"地啃着外公给我们准备的水果零食。等外公演出结束，即使卸了妆，我也只是先待在一旁，静静地看着他，并不立刻靠近。

然后他便想方设法逗我，直到我确定他不是舞台上那个大花脸时，才慢慢走过去依偎到他怀里，好奇地在他脸上东摸摸，西瞅瞅。

每当这时，外公总会开心地捉住我的小手，变魔法一样，从怀里拿出自制的小玩具来。有木头做的小刀、发簪或者风车之类的小手工，有时也有糖果类的零食。

据母亲说，外公是她的继父。母亲的生父在她八岁那年便因病去世了。尽管外公也有自己的孩子，但这并不影响他疼爱我们。

在腊八到过年之间，虽然外公不用唱戏，但我家却异常热闹。因为外公不止会唱戏，还会讲古今，也就是我们现在所说的说书。吃过晚饭后，村邻知道外公来了，便会自发地集聚到我家，听外公讲古今。

那时山里不通电，很多个寂寥静谧的夜里，我们便围着烧得很旺的柴火，听外公讲古今。

外公的古今讲得特别好，不止模仿得惟妙惟肖，而且环环相扣，情节更是引人入胜。现在回想起来，特别佩服外公的记忆力。他从来都不用剧本，那些故事、人物仿佛早就刻在他心里了。讲的时候，他会提前清清嗓子，然后左手持了竹子做的快板，在紧要处自制声效。而右手的小凳子上，会放上一大搪瓷缸子泡好的茶水，讲到口干舌燥时，便抿上几口。

常常讲到夜深人静时，大家还不愿意散场，外公极有原则地道一声"欲知故事如何发展，请听下回分解"，便真的不再讲了。如此几回，大家也知道外公的性格，只要他不再讲，便都蔫蔫地散了。尽管常常意犹未尽，但好在还有下回分解。

从《三国演义》到《隋唐演义》、《薛仁贵征东》、《薛丁山征西》，再到《水浒传》、《杨家将》、《岳飞传》……

听着听着，我们便一年年在外公的古今里长大了。而后我们开始像散落在田野的蒲公英，每个人都有了自己的人生旅程，逐渐独自走向了自己的人生舞台。

在深圳文博会上见到南戏展出时，顿时觉得分外亲切。在展台前停留了很久，最后还跟好几个演员合了影，那种近距离的接触，仿佛瞬间又让我回到了童年。

人这一生，总有一些似曾相识的经历，会令你念念不忘。只是童年，真的再也回不去了。

在故乡面前，我们都是漂泊的游子，时光走到了今天，我对生活的理解多了一层，愈发地觉得人生才是最大最炫的一个舞台。活在尘世的每一天，我们都在自己的喜怒哀乐里上演着不同的故事。在喧哗热闹时，你是别人眼中的演员，你的生活就是别人眼中的故事；在独自安静时，你的生活就是自己的独角戏，精彩好坏，只能冷暖自知。

相对整个人生而言，我童年里那些不可多得的回忆，到现在也便成了故事，成了一场奢华的梦，它将和我曾经所走过的路，一起丰盈着我以后的人生。

稻花香里说丰年

一路走来，看过众多旖旎绚丽的风景，清风过岸，很多都已成为记忆中的闲花野草，开过一茬也就败了；只有故乡的青山、碧水、蓝天、白云，甚至是漫山遍野的花草树木，以及那些印满我成长足迹的昨天，才是心头繁花似锦的春天，才是人生葱茏苍翠的少年。

记得在故乡读中学时，学辛弃疾的《西江月》。

老师讲到"稻花香里说丰年，听取蛙声一片"时，全班同学齐声喧哗，那就是写我们的家乡嘛！老师温和地笑笑："既然如此，每个人写一篇题为《稻花香里说丰年》的作文吧！"大家顷刻鸦雀无声。

那时的故乡虽然家家户户都种小麦、玉米和水稻，但坡地收成差，远不如水稻产量高。在那个一家人生活好坏，主要依仗田地间收成的年代，种水稻便成为村里农事生产的重头大戏。

要想种好水稻，重中之重便是打秧母子（即培育秧苗）。每年春节刚过，天气乍暖还寒，大地还在一片清冷寂静的空茫里沉睡，父亲便早早开始张罗着打秧母子了。

父亲像检阅士兵的将军一样，细细犁了田地，捡去头年的一排排稻草根，再用锄刀细细锄了，然后给田里灌满水，浸泡一个礼拜左右，等到田里的泥土都变得松软湿润后，再用牛耙一遍遍拉着，直到田里的泥土被抹得水平如镜后方肯作罢。最后才在靠近田埂的地方，单独开辟出一条一米多宽的培育基地来。

别看那一小块天地，在父亲看来，那可是得精心伺候的"宝贝"。

上家肥，浸泡稻谷种子，蓬细竹条，蒙篷布，用黄泥压牢温棚四周，这一系列工序，可都是一项项技术活。温棚不能全部封死，还要预留进水口和通风口。既要保暖，适宜秧苗发育，还要能透气，秧苗才能健康成长。而后两个多月的时间里，每天放水浇灌，通风透气，检测棚内温度，观察长势……感觉稍有不妥，便要及时作出相应调整，否则秧苗就有可能夭折。不是被泡死，便是烧包了变得一片枯黄萎靡。

秧苗长不好发愁，长得好却也犯愁。

眼看着嫩绿青翠的秧苗长到三四寸长时，便不能再捂了，需提前揭开篷布，让它接受阳光雨露的爱抚。只有经历过风吹日晒的秧苗，被移植到稻田里才能更好适应环境，快速而茁壮地成长起来。如此一来，那些清新欢嫩的秧苗便提前曝光了，不止秧雀会惦记，还有那些自己不打秧母子，却总惦记着在谁家拔点回去插秧的懒汉们也得防着。

愈是临近插秧的季节，大人们便愈发地紧张起来。

对付秧雀简单，拿稻草扎成人形，给它们穿上五颜六色的衣服，用白塑料纸扎上长长的腰带，然后把稻草人立在田头，便可以了。这是大家伙常用的法宝。

风一吹，那些塑料纸便"刺啦啦"作响，胆大点下到田里的秧雀，常常被吓得惊慌失措，"扑棱棱"便飞走了。而一些胆小的秧雀，只要看到田头色彩斑斓的稻草人，便不敢造次，只能远远立在树枝上，"咕——咕咕——咕"地叫着。

对付那些总想不劳而获的懒汉，唯一的办法，只能是夜间在田头支了床看护秧苗。记得有一年临近插秧时，父亲在城里做小生意没能及时赶回来，看秧的任务便落到我和母亲身上。

第一次体验那种地为床、天做被的感觉，实在美妙极了。彼时万籁俱静，在微寒的夜风里，遥望着天幕上密密麻麻的星星，听母亲讲着星宿的故事。只觉得星星那么亮那么多，夜色那么空旷那么广袤，母亲的声音那么悦耳动听那么生动迷人……

渐渐睡意卷来，即将进入梦乡时，却突然听到一阵"咕——咕咕——咕"的叫声，吓得我浑身一激灵，直愣愣坐了起来。

母亲把我紧紧搂在怀里，轻轻拍着我的背说："不要怕，那是秧雀。"

因为年龄小，也因为身处野外缺乏安全感，第一次听到秧雀叫，我一点也不觉得清脆，反而觉得那叫声凄厉而尖锐，周身弥漫着深深的恐惧，于是怎么也睡不着。母亲见状，便给我讲起了秧雀的故事：

相传在很久以前，有一个员外的老婆死后，留下一个活泼可爱的儿子。

没过多久，员外又娶了新老婆，还带来一个儿子，只是略小了几岁。

说来奇怪，虽然两人不是亲兄弟，但感情甚好。遗憾的是，继母却不待见大儿子，总觉得他不是亲生的，常常千方百计地虐待和陷害他。

心地善良的弟弟不便明着跟母亲作对，便一直在暗地里保护哥哥。

有一天，弟弟偷听到母亲要雇人杀害哥哥，晚上睡觉时，便跟哥哥调换了房间。

他想，母亲怎么也不会杀了自己吧？等那人来时，自己说明原委即可。可惜睡下没多久，他觉得口渴，便喝了哥哥桌上母亲送来的那杯茶，孰不知茶里竟然下了安神药，最终因夜里睡得太沉，直接被人砍了脑袋。

第二天，继母发现大儿子完好无损，跑到房间一看，死的竟然是自己的亲生儿子，于是悲愤难当，一头撞死了。死后化成一只鸟，常常在夜深人静的时候，凄厉而悲惨地叫着："我——儿——错——剁，我——儿——错——剁（即咕——咕咕——咕）……"

母亲讲完，长长地叹息一声："人呀，不能做亏心事，冥冥之中，一切自有天意。"

听了这个故事后，我愈发讨厌秧雀，每次听到秧雀叫，都会想起那个心狠手辣的继母，愈发地毛骨悚然了。

春天可真是最能焕发生机的季节，只要春风微微地一吹，前几日遥看成碧近看仍然枯黄的草地，只经几场雨水的滋养，绿色便像涨潮的波浪，一寸寸就漫了上来。而后，山花竞放，大地一片欣欣向荣，秧苗愈发的碧绿欢腾了，人们便开始张罗着插秧了。

插秧的时候，根据自家秧苗的长势，大家会相互换工帮忙。插秧本身是一件并没多少技术含量的农活，凭的只是眼力和手劲。大家常常数十人排成排，一人一排往下栽，只要把根扎实在泥土里，不让它漂浮起来，便能成活。但若想栽得齐整，却还是需要经验的，所谓熟能生巧。

碰到经验老到的，他们常常左手握着秧把子，右手不停地分着，一边分一边栽。就那样撅着屁股，头也不抬地一排排插过去，你回头去看时，却横平竖直，棵棵姿态端正笔挺，像等候检阅的士兵。就好像他们心底也长了量尺一样，人们常常笑着称他们为把式。

"哪里哪里，不过是多吃了几碗饭而已。"

那些被喊作把式的人，虽然嘴上谦虚着，心底实则乐开了花。

而经验稍浅的年轻人，则需要钉桩拉绳子，他们顺着绳子栽，常常一边栽着一边再瞄瞄左右，这样才能保证不歪七扭八，保证行是行道是道。

眼看着近晌午了，主家媳妇提着篮子送来了水和干粮。主家看一眼水田里棵棵威风凛凛的秧苗，便眉开眼笑地大声吆喝着："歇气，歇气！"

起初乡邻们会客气地推辞着："还没干下多少活呢，不歇不歇。"

主人再笑着喊："不少了，歇会歇会。"

如此反复再三，大家才会上岸，去渠边洗了手，开始喝水、吃干粮、抽旱烟、说笑话。当然也有追逐打闹的，不是你溅我一脸水，便是我弄湿你一条裤腿，好一派其乐融融的景象。

女人也有会插秧的，碰到几家人插秧时间凑到一起，人手不够时也会请女人来帮忙。有女人在一起劳动，笑声愈发地响亮轻快，男人们像拧紧的发条，活也干得分外带劲。男女搭配，干活不累，说的就是这个理。

遇到女人心情好时，还会扯几嗓子悠扬婉转的山歌，有人受到感染便加入了进来，最后大家一起加入进来，于是独唱慢慢就变成了大合唱。每年插秧时，荒芜了一个冬天的稻田，顷刻就鲜活生动起来了。

插过秧后，天气一日暖似一日，青蛙便开始产卵了。

也许那时水质好，常常在池塘里、稻田间、小河边或者有水的沼泽里，总能见到像水晶项链一样串在一起的蛙卵，四周是白色的卵泡，中间有黑色的小点，像剥了皮的葡萄。

那时少不更事，经常抓了玩，每次捏着那细腻柔滑的水晶串串，感觉甚是有趣。为此常常被母亲训斥，母亲心慈，总说那是生命，让我们赶快放生。

只几天工夫，再去看时到处都是黑压压的蝌蚪，扁扁的脑袋，细细的尾巴，特别惹人喜爱。

秧苗一天天高了，蝌蚪也变成了小青蛙。它们都是弹跳高手，行走在乡间的田野里，总能见到它们蹦蹦跶跶，四处跳跃的身影。在静谧无声的夏夜里，青蛙此起彼伏的叫声，就是夜色里最嘹亮的大合唱，有微风拂过的时候，还能闻到丝丝缕缕、清新淡雅的稻花香……

转眼秋天来了，山野开始换上橙黄油亮的新装，稻田也不甘落后，以一身更为耀眼的金黄闪亮登场了。乡亲们看着沉甸甸的稻穗，一个个嘴角眉眼，瞬间也弯成满怀喜悦的稻穗。

一场秋雨一场寒，天一寸寸高远起来，天幕像被秋水洗过一样，蓝得让人想落泪。乡亲们看看天，再看一眼黄得要疯了的水稻，开始磨刀霍霍。

而后一排排、一垄垄金灿灿的稻子，便只能以倾倒的姿态，在挥汗如雨的农人脚下俯首称臣。一阵飒爽的秋风吹过，清新芬芳的稻香，和着空气中的瓜果香，把农人丰收的喜悦，装扮得愈发深厚丰盈了。就连那亮晶晶的汗珠，仿佛都闪耀着颤抖的喜悦，闪动着幸福的微笑……

一把把镰刀，一座座扮桶（脱稻子），一个个背篓，堆积如山的稻谷便静静地躺在农家小院里，晒着纯净明媚的阳光了。天气若能持续晴朗，往往只需一周左右，那些堆积如山的稻子，便能被农人收进粮仓。等到想吃米饭时，只需把晒干的稻谷放在石窝子里春去谷壳即可。

而春米又是另外一出大戏。

只有春出来的米，才带有珍珠的光泽，粒粒都闪着晶莹剔透的光芒，看了令人赏心悦目。若有谁家在春米，经过时远远就能闻见米香味。春过的米被蒸成米饭后，更是芳香浓郁，吃过这样的米饭，一辈子都不会忘记它的香味。

只是后来，这世界日新月异地变化着，有了脱皮机后，人们再也不去手工春米了，自然再也吃不到那些香甜可口的米饭了。春米用的石窝子也就成了古董，逐渐在人们的生活中销声匿迹了。

前几日去友人的农家小院，她拉我去看她养的莲花。

真是踏破铁鞋无觅处，她竟然把莲花养在一个大大的石窝子里，静静地抚摸冰凉寂静的石窝子，不由得思绪万千。

我笑着对她说："以后别养莲花了，多浪费啊！"

她好奇地问："不养花，做什么？"

　　我脱口而出："春米啊！"

　　她愣了一下，随之哈哈大笑起来。

　　那个下午，我一直围着那个石窝子打转。

　　或许真的老了，更愿意去回忆了，更容易回想起以前那些不曾在意的简单生活了。尤其是每每回忆起童年时，那些朴素且原汁原味的乡村岁月，仿佛连梦都带着香甜的柔软。

姑娘·小镇·往昔

今年回故乡时，正值盛夏，陪母亲去镇上办事。

一路花红柳绿，水草丰盈，阳光不时穿过树荫的缝隙，能看到很多细小的尘埃在跳舞。远处田野里的玉米棒子，刚刚挂上浅白、肉粉色的胡须，一些可爱的小麻雀在树梢上欢快地蹦来跳去，好一派迷人的田园风光。

准确地说，我对家乡小镇的印象还停留在十几年前。那时，我还是繁花似锦的少年，在小镇读书，上寄宿学校。

小镇分为前、后两条街道，后街先建，前街后建。先后建立起来的两条街道一南一北，却又不在同一个平行线上。在前街和后街之间，有一条清澈见底的小河，于是前后街道便被一座小小的石拱桥，斜斜地连接在一起。这样组合起来的小镇，就多了一份歪七扭八的蜿蜒曲折，如此便有了妙曼而悠远的意蕴。

街道后面是苍翠欲滴的灌木和延绵起伏的高山，每年到了春天，处处都是花团锦簇、生机盎然、鸟语花香的景象。也许是有了好山好水的滋养，居住在小镇上的人便多了清新怡人，寂静浅喜的气韵；多了妙曼水灵，窈宛多姿的韵致。

在后山的半腰上还有一座古墓，据史料记载，那是周王朝重臣张仲的墓，这样，小镇便又多了一份人文的厚重。

山顶地势稍平，是一片青葱碧翠的茶山。每年茶叶产量不大，仅仅只够当地居民饮用，但滋味醇厚，鲜爽无比。每每饭罢闲话、娱乐聚会时，冲泡一壶馥郁鲜爽的当地新茶，已成为小镇居民必不可少的生活方式。

好像生活里一旦少了家乡茶的滋润，就像做菜时少了盐，总觉得缺点滋味。

也有外地客商尝过喜欢时，掏出自带的好茶与之交换，或者花重金予以购买。每每这时，他们便把脑袋摇得像拨浪鼓似的，"不换，不卖，自己都不够喝呢，有钱难买我愿意。"尽管很多人从不出小镇，但他们却早早便懂得了适合自己的便是最好的这样纯朴、适用的生活道理。

站在茶山上鸟瞰整座小镇，不过两公里长的一条街道，像稚子笔下并不连贯却被人为补笔连接的线段。这样蜿蜒起伏、曲曲折折的小镇就多了生硬笨拙的味道。由于建造的年代不一，新、旧街道不止风格迥异，且明显有了时代的断茬。

清晨，当太阳冉冉升起时，像丝带一般缠绕着青山的薄雾开始慢慢消退，而后太阳俨然就是一个步履蹒跚的孩子，只见它慢悠悠地爬过小山坡，略显羞涩地对小镇绽开了纯真灿烂的笑脸。于是小镇便有了红霞浸染、半明半暗的景象。太阳爬得更高点后，光线也逐渐刺眼起来，一束束如探照灯般橙黄耀眼的光线，斜斜地射在新街那些清新整洁的小洋楼上，方方正正的瓷砖，顿时被镀上一层瓷器的光泽。

突然"嘟"的一声，学校的广播响了，原本七零八散的学生，如同回巢的蜂，急急忙忙从学校各个角落迅速涌向操场，开始准备做晨操了。彼时沸腾的学校，就是整座小镇的报时器，于是沉寂了一夜的小镇，顷刻就从大山的怀抱中苏醒过来了。

先是步履匆忙的人群，紧接着便是鼎沸嘈杂的人声、机器声、锅碗瓢盆的碰撞声……

来得最早的往往都是小镇的过客，赶集的、办事的、乘车去远方谋生的……

这些人总是很容易分辨，他们不止东张西望，步履匆忙，而且面上还时常挂着严肃而凝重的神情，眼里写满了焦虑和等待。

而那些不慌不忙，慵懒且睡眼蒙眬，一边踢踏着布鞋，一边晃悠悠地提着水壶、痰盂之类慢慢朝前走着的，一定是这座小镇上的住户。因为打小生活在镇上，一间自家房屋改建的临街商铺，往往就是他们一辈子的营生。每天想上班了便开门，想休息了也不用跟谁请假，这样的日子不仅悠闲自在，更是清淡似水，便也养成了他们慵懒而随性的生活习惯。

小镇虽小，却五脏俱全，各种形形色色的服装店、蔬菜粮油店、日用百货店、餐馆、理发厅以及政府的办事机构、医院、学校等，就这样错落有致地相互融合在一起，构成了小镇的全部。

最显眼、占地面积最大的，便数全镇唯一的乡村中学了。尽管坐落在时髦洋气的新街上，校舍却是三进三出，黑瓦白墙的老式院落。由于年久失修，很多墙皮已经脱落，斑斑驳驳的甚显沧桑，与新街的整体感觉有点格格不入。

相对新街来说，老街的房舍不止古朴陈旧，而且充满了朴素的烟火气息，简静雅致的明清建筑风格，白墙黛瓦，有点江南水乡的味道。屋舍两两相对，一条宽不超过三米、泛着油光的青石小路被夹在中间。沿街没有墙，都是清一色插着土黄清漆的木门板商铺。

那时寄住在关系要好的小芳家，她家就住在老街，遇到月明星稀的夜晚，我们常常手拉着手在街道上散步。我们说好要做一辈子的好朋友，一直走到所有的灯光都暗了下去，还是不肯去睡觉。

那时候真是年轻，总有说不完的话，做不完的梦……

老街的商户往往比新街起得早。天还蒙蒙亮时，他们便三三两两卸下了自家的门板，异常利落地摆好摊位，噼里啪啷地准备开始一天的营生了。

炸麻花的，卖油饼的，煮酥油茶的，做酥饼的，磨豆浆的，蒸豆腐脑的，煎水晶包的，做胡辣汤的，真是琳琅满目，应有尽有……

因为山上树木繁茂葱郁，坐落在山谷的小镇，空气便分外地清新怡人。食物散发出来的清香，也便格外地清新绵长。常常这边刚出锅，那边便闻着了味儿，于是很多人肚子里的馋虫便开始蠢蠢欲动了。三三两两的食客，也便像馋猫一样，急急匆匆地向老街的方向鱼贯而行。

此时便是老街一天最生动的时刻。叫卖声、谈话声、碗筷的碰撞声，还有品尝美食的声音，此起彼伏地交织在一起，喧闹且悦耳，俨然就是生活的大合奏。很多人一生都没离开过小镇，就这样陪着它日复一日，年复一年地细数着人生的酸甜苦辣，细数着光阴里的春夏秋冬。

思绪拉回现实，我们也到了镇上。只见眼前高楼林立，道路阡陌纵横，我吃惊地瞪大眼睛，这变化只能用翻天覆地来形容了。

走得最快的，一定是时光，仿佛花红柳绿的春天还在昨日，不过转眼凝眸的瞬间，已到了黄叶飞舞的秋天。细细算来，我与小镇，竟有十年光景未曾谋面了。一来每次开车回家，并不经过小镇；二来这些年也无事需要去小镇办理。

一时间不由得感慨万千，做梦也没料到，我与小镇的重逢，竟然是纵使相逢应不识。好不容易在母亲的指引下，把她送达目的地。母亲却指着不远处一座漂亮得像城堡一样的灰色小洋楼对我说："那是小芳的新家，你们也很多年没见了吧？"

我眼前立刻浮现出初见小芳的情景。

那时，我去学校报到，找不到教室，正东张西望之际，迎面走来一位水灵秀美、皮肤细嫩白皙、扎着乌黑麻花辫的长发姑娘来。我向她询问新生教室的位置，她扑闪着水汪汪的大眼睛微微一笑，露出两个迷人的小酒窝，然后转身在前面带路。

原来我们同班，后来我们成了好朋友。

她家住在镇上的老街道，母亲经常出差，于是我便经常住在她家与她做伴。

她是我们班上最漂亮的姑娘，当李春波那首《小芳》唱响大江南北的时候，很多男生便时常对着她唱，每当这时，她便娇羞地低下头不再理睬他们……

只是后来的后来，我为了寻找自己的诗和远方，成了流落异乡的游子，而小芳却还一直驻留在小镇上。

都说时光刻薄，岁月不饶人，时光会善待小芳吗？很多年没见，会不会早已是：物是人非事事休了？

当我轻轻推开院门，一个穿着黑白格子旗袍的女子，正背对着我搓洗衣物。

我轻轻扣着漆着绿皮的铁门问："请问小芳在吗？"

那女子转回头，看到是我，眼里瞬间盈满了灼热的欢喜。

我呆立在原地，那不正是十几年前的小芳吗？谁说岁月不饶人了？岁月对于小芳，分明格外宽厚，她仿佛被抽了真空冷冻着一般，还在枝繁叶茂的春天。

顷刻，我们热烈地拥抱在一起，她和丈夫交代一声，转身拉我上了二楼。

二楼是三室两厅的布局，装修风格趋于中式，古朴中透着典雅。最让人过目不忘的，便是那些精致而颇具意蕴的摆设，处处都透着主人的蕙质兰心。

雕花的实木床，拱形的月亮门洞飘窗，手工串珠的窗帘，自制的干花，阳台上摆满了各种绿色植物，大多是不开花的，只有一盆金银花在缕缕略过的风里散发着沁心的幽香。

她拉我坐到阳台的藤椅上，泡了茶递给我，说是自制的薄荷荷叶茶，夏天喝了解暑。我轻轻啜了一小口，一股透心的清凉顿时入肺，连声称赞着好喝。

那个下午，我们静静地坐在阳台上喝茶，一直从少年聊到现在。很快就聊到现今彼此的生活，我由衷地感叹道："你依然那么美，这样的小镇生活真好。"

她羞涩地笑笑说："曾经我也很羡慕你们，都去了大城市，总觉得自己待在农村，是在浪费生命。可后来，经历了一些事情，我逐渐开始明白，无论生活在哪里，只要你愿意用心，也一样能活出花团锦簇的真气。人这一生，只要自己不放弃，便永远会有希望。抱着这样的心态一路走来，倒真的一天比一天好了，于是我也懒得再折腾，愈发地爱上现在的慢生活了。"

我不由得握紧了她的手，顷刻也想到了自己，可不是吗？

从前还是懵懂青涩的少年时，总喜欢像只刺猬，草木皆兵地与生活里那些逼仄和苦楚针锋相对。总以为尖锐而灵敏的快速反击，就是对自己最好的保护。

直到经历了一些事情后才逐渐明白，任何反馈和回音，都是以你自己为载体的，都会被你发出的声音反振。你今天所得的果，一定藏着你从前种的因。

面对这纷杂变换的尘世，我们都需要四两拨千斤的智慧，太过用力的刚毅和坚硬，更容易被世事摧残。走得太快太急，往往会被现实撞得头破血流。只有慢下来，才能看清自己，找到最适合自己的生活方式。

很快她丈夫过来招呼吃饭，都是他自己烧的农家菜，且色、香、味俱全。

这顿饭吃得特别舒畅，因为往昔、小镇以及眼前无限美好的小芳和缓缓流淌的慢生活。

分别时，我们紧紧拥抱。我轻轻拍着她的肩膀哽咽着："谢谢你把自己活成了永远的小芳，这小镇，只怕以后我要常来了。"

她微笑着回应："常回来看看，最好长住。"

老屋的光阴史

老屋原本不老，可是一旦成为无人居住的房舍，再相比现代粉墙黛瓦的西洋小楼来说，老屋不只是老了，而且老到有了沧桑的味道。

原本炊烟飘摇，房舍青青的老屋，如今只是空寂而无人居住的一座废宅。原本乌黑油亮，润泽丰腴的瓦片，只能在无声的回忆里鲜活。时光过去了似乎并不是太久，可老屋的确是老了。

爷爷走了，父亲走了，奶奶也走了……

后来的后来，我们便搬进了粉顶白墙的小洋楼。镇守老屋的只是离世亲人的一张张照片，无人居住的老屋便一天比一天显得衰败。经过时光风化的墙体已不再高大结实，就连父亲亲手做的木格子窗，现在也蒙上了一层层蜘蛛网。

你看呀！那陈旧而黯然的色调，多像是一个久远的故事，久远得就如同一张只有黑白色调，却泛了黄的老照片。

尽管一些不愿意老去的黛绿苔藓，还有肉肉的瓦松仍然还在屋顶顽强地生长着，可老屋依然显得没有生气，它们依然寂寞着自己的寂寞。那是岁月赋予的忧伤吗？还是光阴赠予的寒凉？

可曾经的曾经，那里有我最美好的少年时光，有我无法抹去的成长足迹。

没盖老屋前，我们住在一个有着十几户人家的大院里。那是爷爷当年盖的石板屋，每逢下雨的时候，外面大雨倾盆，屋里细雨飘飘。邻里众多，鸡飞狗跳，纷争吵闹在所难免。母亲心宽，原本并未放在心上。直到一天，年仅四岁的小弟在闹脾气时，竟然也像那些村邻一样，开始双手叉腰，跺着脚与人对骂了。身为乡村教师的母亲，忍无可忍动手打了弟弟，可打过之后，她自己却嘤嘤地哭了。母亲黯然伤神了一段时间，和父亲几经商量后，决定另寻一处地方，建一座清幽安静的住宅。

几番寻思，最后选了村办小学半里开外的山坳处。那里绿竹茵茵，杨柳成林。选址后父亲便开始宴请乡邻，鸣炮奠基开工。

用石头筑起一米高的基底，拿水泥浇灌，做好防水处理后，地基便做好了。筑墙工作承包给了在当地务工的四川包工队。

那时，乡下还不时兴水泥、钢筋的小洋楼，清一色都是用麦秸和黄泥筑土墙，檩子、椽木做梁，盖黑泥瓦的土木结构土坯房。

透气性强，冬暖夏凉是这种结构房屋最大的好处。

我第一次近距离接触筑墙，自然分外好奇，便常常跑去看，由此知道了筑墙的基本工序。

工人们挖了黄泥打碎，用筛子细细筛掉石子，然后加入剁碎的麦秸以及拇指粗细、被剁成半尺左右的木棍，老家人称它为墙筋。然后把这些原料用水洒潮湿后，再挑到地基上，倒入高宽各一尺二、长六尺的墙板磨具中，用墙夯（在一根一人多高的木杆两端装上一圆一扁的硬木锤）来夯实。沿着地基一层层往上垒，垒到一丈二尺高时，最后再夯架房梁用的墙垛，墙便筑好了。筑墙外包，父亲自不操心，但那是父亲第一次建房子，便格外上心。隔三岔五，父亲便会去现场看看工程质量和进度。

父亲去了，少不了要被工人起哄请客吃饭。父亲生性热情好客，又烧得一手好菜，况且又是家中一大喜事，自然应允。那时乡村没有饭店，父亲每次去时，会提前在家里准备好自酿的甘蔗酒、腊肉和蔬菜，带到工地灶上烹饪。

我老家的待客之道是，有酒有肉方成席。

只是川人好酒，父亲虽然酒量不差，划拳时常用"不出五，不喊五"的拳法，在当地屡战屡胜，可是在那些工人面前，却一点也占不了便宜。这让生性好强的父亲很不甘心，苦思冥想之后，父亲便不与他们划拳，改猜拳。父亲就凭着他那句最为经典的"有了我赢，没了你输""没了你输，有了我赢"反败为胜后，成了常胜将军。

无论他们怎么出拳，父亲都颠倒着那两句话的顺序来猜，且屡猜屡中，令那帮工人百思不得其解。

很多年后，我听父亲与人喝酒闲话时提起那段往事，也觉得分外有趣。他们哪里晓得，奥秘其实就在那句话里。无论他们出有无，输了的始终是他们，有了我赢，没了你输却还是我赢了。

从那时起，我便分外迷恋与文字做游戏，感觉中国的文字实在是博大精深。在文字里排兵布阵，该是一件多么有趣，多么让人迷恋的事情啊！

　　不到俩月，墙便筑好了，紧接着是上檩条、钉椽板，最后便是上大梁，盖房了。父亲所盖的房子，依然遵循的是传统模式。即三间正房，带两间呈直角的偏房。正房做一家人的生活起居之用，偏房一间堆放杂物，一间做厨房，顺带冬天取暖。

　　三间房正中的一间，被称为堂屋，大梁就上在堂屋顶上，也是整个土木结构房屋屋顶的支点。

　　上梁那天，几乎全村的乡邻都来帮工道贺。主家会请村里威望高的人做管事，专门负责分工调度工作，而后领了差事的人，便各司其职。上梁要举行非常隆重的抛梁仪式，用红布包裹着笔墨、金银、硬币或铜钱、五谷杂粮以及旧皇历，钉在正梁正中。然后由德高望重的老木匠，提了装着花生板栗、核桃糖果、五谷杂粮的斗，沿着正梁边走边向四周抛洒。嘴里还不停念叨着各种吉祥如意的祝福语，例如：梁高家兴，富贵满门，招财进宝，平安健康，等等。

　　我家上梁仪式，是由父亲亲自主持的。因为父亲不止是一名出色的木匠，且为人正直热心，在村里有着极好的口碑。

　　只待父亲手里的斗一斜，大家便知道上梁仪式结束了。于是站在房下看热闹，仰着头一脸期待的孩子，顷刻如同抢食的小麻雀，四处纷飞着去找寻那些美味的食物了。与此同时，代表吉利喜庆的鞭炮也炸开了。

　　于是人们的注意力，顷刻又转移到鞭炮身上。有紧张地闭眼睛的，有害怕地捂住耳朵的，也有目不转睛地瞅着的……

只见那些红彤彤的鞭炮，像一条快速前移的小火龙，噼里啪啦地在火花四溅的烟雾里，很快便炸成了一地碎屑，远远看去，像一片红艳艳的花。每个人脸上，仿佛也开出一朵朵红艳艳的花来，父亲和母亲笑得愈发地灿烂了。

大家齐声高喊着"恭喜发财"，父亲挨个敬着香烟道谢，上梁仪式算是完成了。

围观的人各自散开后，便又开始各就各位忙碌起下面的步骤。送礼的、管账的、递瓦的、盖房的，还有负责做饭下厨的，好一派热火朝天的景象……

一时间人们的谈话声，管事的吩咐声，瓦片的碰撞声，厨房的切菜声，小孩子的嬉戏声，欢快地交织在一起……

最忙碌紧张的，要数厨房了。因为只有半天时间，他们便要准备好晚上几十桌酒宴的菜肴。当时村里最流行的席名叫九朵十三花，即九个干果，九个凉菜，中间先放一个拼装的大盘当花，然后汤带热菜，要上够十三道。

在开席前，收礼先生会把写了人名和礼金的大红纸蝇头小楷清单贴到堂屋侧面的墙上，以显示主家人缘好，预示着开门红，大吉大利。而这些礼金，也多是主人之前随过礼的人送来的礼金。乡村生活，大家讲究的就是一个礼尚往来。

吃过酒席后，这房算是盖好了，像安门窗、平地面、粉墙面这类细节工序，只能留待主人慢慢完善。

　　老屋的门窗家具，都是父亲一手打造的，搬新家的那天，父亲多喝了几杯，便像个将军一样，一边满意地巡视着自己一手打造的新家，一边嘿嘿地笑着，只是笑着笑着，便笑出了很多眼泪。

　　然后爷爷便将全家人集中到堂屋，在正对大门的墙面神龛前祭拜祖先，我们跟在父亲和爷爷身后磕头。只听见父亲哽咽地呢喃着："禀明祖先，不孝子某某终于安了家，是自己一手打造的新家，请保佑我们……"

　　不知道为什么，听到父亲那样的声音，我心里分外难过，便拉着父亲的衣角说："爸爸，你别哭了！"

　　母亲抹了一把眼泪，拉拉我的手，示意我别说话。祭拜结束，母亲轻声对我说："你爸这是高兴呢！"

　　直到现在还记得很清楚，那方墙面上挂着"天地君亲师"的神榜，神龛在神榜底部的正下方。上面放着香炉、香表、纸钱和干果等，供奉着观音菩萨，以及先人的牌位。后来逢年过节，或者家里有重大事情发生时，父亲便会带领我们全家祭拜。

　　父亲在厨房后半间的地面上挖了一个一尺深、一米见方的坑，我们称为火炉。如此，新家算是彻底落成。

　　冬天的时候，一家人用柴火取暖。火炉上方系一铁链，下端挂上铁罐烧水，有时也会挂上吊罐（吊在火炉上的铁罐子），熬一罐幽香扑鼻的腊肉。每年腊月杀了过年猪，留下过年吃的，剩余的一律腌制，挂在火炉上方熏制成腊肉，以便全家一年食用。

　　有了新家，母亲愈发地勤劳了。

门前栽花种果，屋后种菜植竹，就连流经我家附近的河道，都被母亲细心地栽满了柳树，她说那是天然的防护林，因为我家离水近。只几年光景，那些柳树便长得高大惹眼了。每逢春天来临，那些飘摇着鹅黄的嫩绿枝条，在那个为赋新词强说愁的年纪，引发了我们很多的惆怅和诗情。

爱好书法的弟弟，还在一块大石头上，雕刻了"百柳庄"三个大字。我们在林间搭了秋千，种了五颜六色的麻秆花，还有吹着小喇叭的牵牛花。

夏天在林里摆上小竹床，听着耳边潺潺的流水，枕着花香睡一个悠然清凉的午觉，就连梦都是惬意而清凉的。等到夜深了，有时会去河里洗澡，很多小鱼便在身上游来碰去的，痒痒得人只想大声尖叫。

后来在城里泡温泉时，看到鱼疗泉池，顷刻便想到了幼时夜间在老屋小河里洗澡的情形。那可真是一段欢乐的幸福时光啊！清新迷人的风景，回味无穷的童年，还有外公似乎永远也讲不完的故事……

只是后来，一场漫天大水，河边几百棵两三丈高的柳树，只在一夜之间，便无影无踪了。河水一度涨到了我家的屋檐底下，原本令我们欢喜不已的新家，顷刻陷入岌岌可危的境况。悲伤难过自是在所难免，但生活总得往前走，于是来年又盖了现在居住的新房，老屋便光荣地"退休"了，彻底成了无人居住的老屋。

春花秋月，流年似水，我们一天天长大了，原本比我们还年轻的新屋，也变成了老屋。在时光面前，我们终究都是弱者，终究不能与之对抗。

　　去年去老屋时，看到它布满尘埃的样子，只觉得老屋太孤单了，几乎落了泪。今年再去时，老屋虽然如故，可母亲给院子里种了一架葫芦，顷刻便有了生气。

　　看着那藤蔓上爬满的葫芦娃，一股喜悦的暖意瞬间溢满心间，这样想我所想的人，此生恐怕也只有母亲了！

你只是希望有人懂

　　写下这行文字时，林荫道上的银杏叶已是满地金黄，一阵微微的秋风拂过，叶片便像翩翩起舞的蝴蝶，在空中飘飘荡荡地轻舞飞扬着。

　　我喜欢这略带萧瑟，却黄得耀眼的秋天，喜欢这金属色的质感。每次行走在这况味十足的秋风里，只觉得所有的一切，都显得那么生动饱满，内心便会涌动着潮湿而温暖的情愫。

　　突然手机"滴答"一声，点开后一条短信映入眼帘："你只是希望有人懂你。"这是来自一个远方朋友的信息。

　　我愣了一下，随即笑了，不过眼睛却湿了。

　　她肯定看了我刚发在朋友圈的那首小诗，以为我又多愁善感地伤春悲秋了。简单地回了句"谢谢"后，便陷入了天马行空的遐想当中。

　　对她善意的温暖，我心存感激；但对她错误的解读，我只能不置可否，因为她并不懂我。

　　在悠悠而过的岁月长河里，我们都是观光的旅者，不管你是打马而过，还是闲庭信步，每个人都渴望邂逅一个能够真正懂得自己的人。然而遗憾的是，很多人寻寻觅觅、兜兜转转一生，最终却仍是两手空空，一无所获。

曾经那个才华横溢、清冷孤寂的民国才女张爱玲，在遇到胡兰成后，她觉得满世界的花都开了。他就是最懂她的那个人呀，他是她的知音呀。在落落与君好时，胡兰成曾对张爱玲说："因为相知，所以懂得。"

所以那样一个纯粹、犀利而熠熠生辉的女子，为他低到尘埃里。那时她只希望成为他的锦上花，与他红袖添香夜读书，红泥小炉烹雪煎茶，相知相爱相怜惜。

然而就为了那一个懂字，她独自吞咽了多少委屈和苦涩？

不仅包容他的风流背叛，甚至为他破例违背原则。那时的她，就是一个坠入情网的普通女子，像所有不谙世事的女人一样，一次次给他机会。他与别的女人有了私情，致使对方怀孕，她甚至典当了自己的金手镯，去替他善后；他在战乱辗转中跟别的女人相好，她千里迢迢冒着大雨跑去看他，让他在她与他的新欢中作个选择。

因为她不能忘记自己曾经对他说过："因为懂得，所以慈悲。"所以她一直去包容他，宽恕他，其实也只是希望成全自己，成全当初的那份懂得，成全一生一世的落落与君好。她只希望，他还能记得自己曾经说过的那句："因为相知，所以懂得"。

数个花前月下的促膝长谈，一声声饱含情感的温柔呼唤，甚至是一缕缕看向她缠绵而充满温暖的眼神，都是他射到她心田的箭，一击便中，让她失了分寸。那也是一缕吹向她灵魂深处的春风啊！吹着吹着，她的心就泛滥成了一湖春水。

那样一个看尽浮世繁华，从小便在人情复杂的大家庭里成长起来的没落贵族，怎能不懂得人情冷暖？正是因为深谙人性，才有了那些冷静到令人心颤的文字。然而在那份软绵绵的懂得面前，为了那样一个声名不佳的男子，她却甘愿变成一只扑向烈焰的飞蛾。

只可惜就算她为了他，在尘埃里开出了花朵，可最终还是谢了！

像一朵颓败的牡丹，虽然曾经有过华丽而盛大的开场，但可惜花期太短。不过是两载年轮的更替，他们便走到了暮春时分，只落得残红斑驳，一地狼藉。

在世事终不遂愿时，她唯一能够选择的，便是情绝而决然地转身，从此与他再无半点交集。为了躲避尘世的纷扰，她甚至远走天涯，只身去了美国。

他哪里又是什么知音呢？如何能当得起"懂得"二字？

他说她是民国时期的临水照花人，而他最终却残忍地成了她的疑似惊鸿照影来。红尘流转，世事纷扰，她只能无可奈何花落去，只有微雨燕独飞了。

在复杂而薄凉的人性面前，没有几个人能够真正把生活过得随心所欲。不管你是才华洋溢，还是倾国倾城，都一样不能左右懂与不懂的缘分。

懂得，是两个相近灵魂高度一致的共同认知，虽然没有绝对的保质期，但确实存在时效性。时效长的，步调一致，便会相知相悦一生，像钱钟书和杨绛；时效短的，不过是昙花一现的某个瞬间，这样的缺憾，终是占了人间的绝大多数。

也许在那一刻，你恍惚看到了似曾相识的自己；在某个片段，会有人感同身受地站在你的认知点上，替你抹一把辛酸泪，道一句贴心言。那时，你便觉得你们那么近，对面的那个人可真是懂你呀！你看，这不就是高山流水遇知音吗？你开始觉得春光婷婷，水草丰盈。

然而精神层面的活动，从来就不是一潭静止不动的死水，谁也不能把它锁进保险箱。

这世间有多少分道扬镳的遗憾，便会有多少曾经彼此相互懂得、相亲交好的人。因为只有懂得，才能靠近；唯有靠近，才能产生爱情或者友情。春花易逝，人世无常。多少人，走着走着便散了！又有多少曾经无话不谈的知心人，最终却变成了最为熟悉的陌生人！

人说"千金易得，知音难求"。在这光怪陆离的俗世红尘里，每个人都有不为人知的伤痛和哀凉，大多时候我们都像蜗牛一样，背着沉重的外壳，更不要说轻易向谁敞开心扉了。由此可见，知音从来都是可遇而不可求的，能够邂逅自己的知音人，该是几世修来的缘分。

在我家乡木王，一个叫四海坪的地方，对面高山巍峨险峻，山谷流水潺潺有声，高山流水遇知音的故事便起源于此。

相传伯牙经常在四海坪弹琴，琴艺精湛，但却苦于无人能懂。于是他便有了独钓寒江雪的寂寥，常常独自一人在山野仰望着高山流水弹琴自娱。一次他那空旷悠远的琴音被打柴的樵夫钟子期听到，便情不自禁地喝彩叫好。伯牙颇为欢喜，又弹了高山流水的曲子请子期听。当他弹到高山部分，子期高呼"巍巍乎志在高山"；在他弹及流水部分，子期轻吟着"洋洋乎志在流水"。

伯牙大惊，遂认定子期为自己的知音。待子期死后，伯牙痛失知音，便摔琴断弦，终身不操。

这便是最深的懂得了吧？琴为心声，无需言语，伯牙只在自己的指尖倾诉；而钟子期却能在他十指翻飞的刹那，便懂了那或巍巍敬仰高山，或平和轻柔似流水的心境，不能不谓之懂得，谓之为知音了。

红尘滚滚，我们都是孤独的舞者，谁才是真正懂你的那个人，谁又是你的知音人呢？

沧海桑田，世事多变，我们都是被光阴摆布的棋子，不如意之事十有八九，又岂能尽遂人愿？但越是这样，我们越不会跟自己妥协，越要跋山涉水去追寻，于是就时常想着那为数不多的一二。因为懂得，就是一杯醇香的米酒，尽管与岁月无忧，但却滋养心神。

人们总是感叹："知己难求，知音难觅。"活在这薄情的世界，每个人都有自己的荒凉和哀愁，都有不为人知的寂寞和酸楚，没有多少人愿意真正静下心来听你说什么，想什么。走过了尘世的千山万水，历经了红尘种种冷暖后，对于这尘世的缘分，终不再刻意。

如果正好你身边有那么一个人，不管是亲情、友情还是爱情，都将是你一生最珍贵的宝藏，一定要好好珍藏。

这份懂得，是相知相怜惜的心心相印；是雪中送炭的患难见真情；是你山穷水尽，遭人唾弃时的不离不弃；也是你遭遇混沌时，高悬在窗外的一轮明月。

时光在赠予我们沧桑的同时，也赠给了我们见识和阅历。在这百态的人生里，每个人都有自己生存的环境，都有适合自己成长的土壤，没有人能完全跟你同步。能懂你的人，不过是凤毛麟角，少之又少，更不要苛求每个人都能懂你了。

把自己的精神诉求，寄托在别人的理解和懂得上，终是一件太过虚无缥缈的事情。就像席慕蓉诗里写的那样："美丽的诗和美丽的梦一样，都是可遇而不可求的，常常在最没能料到的时刻里出现。"

我以为，可遇而不可求的，还有懂得。

拥有一颗绚烂不安的心

我们常常渴望岁月静好，渴望生活踏实安稳，然而对于内心来说，我以为是需要绚烂和不安稳的。一个人的内心如果过于枯寂，像一潭无法流动的死水，不止泛不起任何涟漪，更少了微波荡漾的灵动，五光十色的景致，变幻无穷的趣味。

我以为这世间最动荡、最无从把握的事物，除了东逝的流水，悄悄溜走的光阴，无奈凋零枯萎的花草，无法挽留的生命外，便是人心了。喜怒哀乐、悲喜交集、五味杂陈，全是心底的感受。只要心念动了，就完全不由自己的意念去控制了。

最理想的心灵状态，表面可以如秋叶之静美，如晨曦日出之柔和，有遗世独立的清寂和从容不迫的淡定；但内心深处，一定是绚烂动荡的。仿佛是九月随风摇曳的那一树丹桂，开着幽香扑鼻、坠满枝丫的细碎小花；又或许是六月江南那碧波万顷、亭亭华盖的莲叶；抑或是五月里刚刚抽了新枝、繁茂浓密、疯狂爬满墙头的爬山虎。

那疯长的姿势，是那般地叫人满心欢喜，也如此地叫人无限惆怅。

　　只有拥有一颗绚烂不安的心，才能保持对生活的热度，保持对丰富人生的追求，保持着蓬勃、坚韧、饱满的力量一路前行。

　　表面上看来，那些沉默寡言，甚至羞涩木讷的人，就一定是安稳或波澜不惊的的吗？也不尽然。很多作家表面冷静孤寂，但内心却丰富绚丽。尤其是他们笔下的文字，不止狂野凌厉，针针见血；原本平淡简洁的文字，在他们奇妙的排兵布阵下，刹那风华绝代，锋芒毕露。像民国时期的张爱玲，原本是一个寂静孤高的女子，一个人离群索居，不喜欢与人来往。然而她的文字却理性冷静，锋利得如同瑞士的军刀，刀刀削铁如泥，让这世间万象都赤裸裸地无处藏身。

　　金庸笔下，性格笨拙质朴的郭靖，实则也是一个思绪绚烂之人。否则他也不可能由最初复仇的小我，演变成忧国忧民的大侠。只有内心丰富博大的人，才会产生那种大无畏的民族精神和情怀。

　　人们常说，人的心，海底针。还有比在大海里捞一根绣花针，更让人无从把握的事情吗？

　　看《红楼梦》，很多人都觉得黛玉过于敏感细腻，太小心眼了。前一刻还是晴天丽日，喜笑颜开的，只消意念瞬间转换，便顷刻触景伤情，泪如雨下了。在现实生活中，像黛玉这样情感丰富的女人，也不在少数。

　　并不是她们不明了世间的是非曲直，在大是大非面前，也许她们比谁都拎得清。情绪之所以会如此起伏波折，百转千回，实则是因为内心过于动荡。那些呼之欲出的情爱，热烈得自己都控制不住了，便如同一匹奔腾的野马，刹那风、刹那雨的。

这样的感觉，正是源于深爱，太过在意了，稍有风吹草动，便草木皆兵、杯弓蛇影了。

这样内心过于绚烂的人，常常会把自己弄得四面楚歌，烽烟四起。也正因为她们的纤细敏锐，便比旁人拥有了更多、更盛大的感知生活、体验情感的能力。也因此，她们的人生才会格外地丰富多彩，格外地波澜壮阔。

曹植对于政治，绝对是木讷而笨拙的，但是一旦进入文学领域，他的内心却是异常绚烂丰富，璀璨得像五月天光下名动洛阳的牡丹。在他的传世名篇《洛神赋》里，正是由于内心的丰富多彩，流淌在他笔下的洛神，才聚齐了全天下所有女子的美好。"形态翩若惊鸿，婉若游龙；体态肩若削成，腰如约素；仪态瑰姿艳逸，仪静体闲。"这三个层面合在一起，真正完美到无可挑剔，所以这样的女子，只能是不食人间烟火的女神。

民国时期的张之和，内心也是丰盈而绚烂的。因为丰盈和饱满，她用了一生的时间，把自己活成了葱茏芬芳、永不世俗的少女。即使老了，到了即将垂暮的晚景时，依然十分优雅地盘发穿旗袍，充满童真地捉小虫子玩，悠然自得地品着西湖龙井读古书……

能把年少的性情贯穿一生，那该有多丰盈坚韧、那不是绚烂，是什么？

在她的一生中，内心总被无数的美好牵引着，那些交融于她生活当中的小情趣，就是她生命里一茬茬开着的、永远蓬勃茂盛的小花。正是因为那些细碎的绽放，她的生活便盈动着幽幽的暗香，在过了半个世纪之后，每每让人回味起来，还散发着沁人心脾的芬芳。

　　林徽因也是绚烂的，只是她的绚烂，体现在对工作的忘我追求上。在感情上她却是自持而清醒的，始终有着莲的清幽淡然，香远益清，但却不蔓不枝。她把自己最热烈的内心都给了事业，那种坚韧的饱满，像招摇在悬崖峭壁上的一丛山花，明艳而夺目。即使在遭遇绝境和困顿时，她也因为有了自己内心的决绝和坚持，才能散发出耀眼的光芒来。

　　一个内心饱满而灿烂的人，无论走到哪里，都是一道靓丽的风景。就是因为那些绚丽、坚韧、饱满和坚持，她们才成就了独一无二的自己。特别佩服在内心深处有所坚守的人，这样的人不止有了自己的气场，更能传递给他人无限的光亮和勇气。

　　还记得年轻的时候，友人曾在失恋时，几度哽咽着对我说："我真恨自己，当初怎么就对他动了心？如若没有当初的心动，就不会有今天的痛苦。所以一切的错还在自己，自作自受罢了。"

　　当时我们都很年轻，都缺乏生活的阅历，除了拍拍她的手安慰，找不到任何反驳的话语。表面看来，觉得她说得还真有几分道理。

　　只是到了如今，再回忆那段往事时，友人却一脸向往地说："真羡慕那个时候，感觉跟他在一起的所有日子，都是好日子。尽管曾经遭遇了痛苦，可那些撕心裂肺的痛，至少证明我还活着，证明我曾经真诚地爱过。不像现在，什么都麻木了，对很多事情都失去了知觉，仿佛自己也失去了爱的能力。你看，这样的自己多悲哀呀！"

　　我却还是只能紧紧地握住她的手。

　　张爱玲曾经说过："一个女人要想不老，一是保持生活上的安定，二是保持内心的不安定。"只有内心曾经绚烂过的人，才会发出这样的感慨。那是经历和阅历积攒下来的顿悟，这样洞悉人生玄机的话，自然是绚丽到了极致。

细细思量，人这一生不过是看几场春花秋月，历经几次悲欢离合。一生那么短，任何的寒凉和颓废都是对生命的辜负。不管生活给了我什么，我都要在有限的光阴里，把自己活成旷野里的一朵闲花，或者是路边的一棵野草，无论天晴下雨，都能保持着自身的温暖，保持着内心的绚丽。

岁月不老，真情常在，千帆过尽真犹存。走过经年，愿我们都能初心如锦，依然是少年。

走过经年，你会发现青春就是生命里最美的烟花，

有绽放时绚烂热烈的火焰，也有落幕时如同灰烬般的冰凉。

我的眼里藏着海

秋意渐深，暮雨纷飞，晚风卷着几枚黄叶，飘飘荡荡地跌落到窗台上。

心情瞬间便被这黄昏的暮雨打湿了，感觉自己也像吸足了水分的枯叶，尽管经历过萧瑟孤寂的苍凉，但此时此刻那颗干涸枯寂的心，似乎也因沾染了湿气而又有了温润而厚重的饱满。或许这就是生活，就是人生吧！

在微博上漫无目的地浏览，一本名为《我的眼里藏着海》的书刹那吸引了我的眼球。看到这个书名，我脑海里顷刻浮现出的是万里桃花灼灼盛开的景象，觉得既盛大热烈，又温润潮湿。

细细品味这句话，先是淡淡的忧伤，感觉有泪；但须臾之后，便是宛如清扬的悠远和博大。也许有人会觉得那句话里藏着年少轻狂的无知自大，抑或自命清高的标新立异；但在我眼中，则是自我释放的洒脱，超越自我的奋进和放飞自我的旷达广阔。

瞬间想到自己。

十八九岁时，我还是青春飞扬的少年，也许因为太年轻，那时总是踌躇满志。总觉得只要愿意努力，纵使过程曲折复杂一些，但终有一天总能达到自己想去的地方，总能无所不及。

第一次见到的海是广西的北海，只见碧波万顷，水天相接，浩瀚无垠，彻底被震撼了。置身在惊涛骇浪的岸边，看着让人神往的无限大海，内心生出满满的敬畏。面对着这样广阔深邃的大海，觉得自己真是渺如微尘，忧伤像涨潮时的波浪一样，一层层卷上来……第一次生出无力感，开始对人生的何去何从有了困惑和思考。

一个眼中能藏下海的女子，需要拥有何等博大的胸襟？不由得心生好奇，于是点开那个文艺女子的博文。

原来她眼里的海，是一种夸张而深沉的寄托，表达的是对一个男子饱含深情的爱。仔细读着那些文字，一字一句，点点滴滴，哪怕是生活里最朴素的琐碎，都是滚烫热烈的，都记录着她对他最浓情厚谊的不舍和爱恋。

遗憾的是，情深不寿。几经流转，百转千回之后，他们缘断情灭，只能劳燕分飞地天各一方。可那些刻骨铭心的曾经，就是她眼中浩瀚无垠的大海。

她把那些宝贵的曾经，整理成册印成了书。

在书的后记里，她无限深情地对他说："尽管我们最终无缘牵手，可我依然十分感谢你，因为有你，我一直在默默扎根；因为爱你，我变得灿烂艳丽；因为失去你，使我懂得了珍惜；因为爱过你，我变成了更好的自己。如果此生你我还能重逢，我一定会无限真诚地说一声谢谢；如果此去经年只能是我们此生的宿命，我依然会默默祝福你：一生幸福平安。"

因为，我爱你，我的眼中藏着海。

这样的感觉，也唯有深爱过的人，方能懂得。那是情深似海，慈悲如海。不能爱了，放过了他，也放过了自己，但却又并未舍去那份深深的包容和懂得，这样就不会辜负了曾经的爱恋。

近日，读张爱玲与胡兰成分别时的话，张爱玲说："我倘若不得不离开你，亦不至于寻短见，亦不能再爱别人，我将只是枯萎了。"

刹那，眼泪喷涌而出，那是最冷静的苍凉，但也是最真实的无奈。任她再才华洋溢，笑傲群芳，他不爱她了，她能如何？

只能孤单而寂静地凋零了。

这世间，有些事能够有所把握，但更多的事情，我们却常常无能为力。比如说：易逝的恋情、凋零的生命、无法留住的昨天……

因此，我们常常自我安慰着：努力过了，便不会后悔，便不再有遗憾。可是等到他日回首往事时，我们一样会为那份得不到、不曾圆满的恋情而遗憾。

可谁的人生能不留遗憾？谁的人生里，又没有缺憾？

得不到深爱之人的爱，算不算一种遗憾？又或者曾经海誓山盟，花好月圆，到最后只能以曲终人散分道扬镳收场，算不算是缺憾？当生活里有了遗憾，不能按照我们的预想行云流水地美满幸福时，除了悲悯地去原谅和忘却，还能怎样呢？

人生从来就没有预定的轨道，更不可能永远心想事成。生活得睿智坚强的人，会把那些伤害和薄凉收起，从中找到并汲取让自己强大的养料，形成自己独特的气韵，变得像海一样宽广。

而一些格局太小的人，便只能上演一曲你死我活的闹剧。见过很多感情破裂、彼此撕得鲜血淋漓的情侣，只能替他们感到惋惜而遗憾。因为他们从来就不曾真正爱过，他们所爱的，可能只有自己。

在充满尔虞我诈的尘世间，从来就没有自我臆想的岁月静好。哪个人在生活当中不是一身保护色的伪装者？多数时候，我们呈现给生活的，不过是那一袭最华丽绚烂的织锦绣袍；而那些不为人知的委屈，那些独自吞咽的苦涩心酸，常常被我们硬生生逼回了眼眶。当我们一次次在热泪盈眶时，假装抬头看天；一次次在饱受伤害时，假装坚强，假装决然转身大踏步地朝前走着……

我们总以为只要这样不被看穿，原本那颗柔软脆弱的心，终有一天也会变得坚硬起来。可是，某一个不经意的路口，某一次不经意的邂逅，只要遇到那个命中注定的人，你所有的提防还是会土崩瓦解；即使明知是万丈深渊，你也会飞蛾扑火，毫不犹豫地纵身而下。

在爱情面前，我们都是纵死无悔的勇士。你是，我是，张爱玲是，那些千千万万，为了心中所爱，飞蛾扑火，万死不辞的有情人亦是。

人非草木，谁能无情？

洞悉世事，人情练达，千帆过尽又如何？只要是人，在爱情面前终归人人平等。

也只有扑腾过的人生，才会更接近圆满。纵然终是带着一世的暗伤，带着不能圆满的残缺，带着意犹未尽的惆怅和惋惜，但至少曾经深爱过。

那种一张白纸，纤尘不染的日子，只能是童话，是故事，是臆想。

曾认识一对老夫妇，在别人眼中，他们可是一对羡煞旁人的情侣。老太太性情开朗，特别爱笑；老爷爷也是一副精神矍铄、乐观从容的样子，好像从未经过世事沧桑的样子。

可我后来了解到，他们能拥有今天的华枝春满，全依赖多年至死不渝的坚守。生活带给他们的，并不是我现在看到的一帆风顺；恰恰相反，他们曾经历了很多磨难。

当年两人异地恋，双方家长均不同意，可为了能在一起，他们倔强地咬牙坚持着。

一度双方父母为了拆散他们，纷纷宣布跟他们脱离了关系，纵使在那样的压力面前，他们也没有丝毫退缩。而后男方工作变动，一纸调令，他直接由烟柳画桥、风景如画的江南，去了风沙肆虐、苦寒边远的阿里。而女人依然留在南方，一年只能见两次面，甚至连孩子出生时他都不能陪在身边，更谈不上照顾彼此的饮食起居了。可他们之间那份绵长而深厚的情意，却并未被时间和空间拆散。

男方在阿里一待就是十五年，最后总算又调了回来。等男人回来的时候，两个孩子都快成了半大小子。父母见木已成舟，也便慢慢恢复了往来。到现在他们儿孙满堂，退休后老夫妻终于有了自己温馨朴素的小日子，常年四处旅行。老太太爱拍照，老爷爷便学会了摄影，说要做老伴一辈子的

"御用"摄影师。

　　老太太跟我说这些时，一脸的云淡风轻。可我知道，她在独自对抗那些不为人知的苦涩时，一定有潸然泪下的惆怅和忧伤。

　　可如今，都过去了！

　　我喜欢这样像海一样，深邃而悠远的情意。我想，年轻时的老太太，眼中也一定藏着海吧！

归时还拂桂花香

　　写桂花的诗句，最爱"人闲桂花落"一句，像一幅画，但却说不出是什么画。说它像繁重的油画，却远比油画生动空灵，意蕴悠远；说它像国画，却又比国画明艳夺目，璀璨动人；说它像水粉，却也说浅了、薄了。所以它只能是活生生的生活剪影，有花落人独立的雅致，暗香浮动月黄昏的清幽，还有误入藕花深处的闲趣。

　　学那首诗时，正是天清气朗、冷雨敲窗的秋天。那时学校池塘边的几树桂花，已开得繁星点点。细嗅着那些沁人心脾的幽香，再听老师抑扬顿挫地读着那句"人闲桂花落"时，便觉得分外唯美，顷刻就为之沉醉了！

　　对桂花的喜爱，当从小时说起。最早听到与之相关的信息，是母亲口中缥缈而神奇的故事。

　　那时住在乡下，在一个寂月皎皎的晚上，母亲指着月亮告诉我们："你们看！那些光线暗淡的阴影，是吴刚和桂花树。他触犯了天条被玉帝处罚，便只能长年累月地砍那棵桂树。只是那是仙树，无论如何砍伐，都永远不倒，常年屹立……"

母亲的声音，在空寂而静朗的月夜里，与轻柔的月光交相辉映，美得像天籁⋯⋯

也是从那时起，我们知道了广寒宫、貌美如花的嫦娥、聪明机灵的玉兔，以及神奇而令人遐想翩翩的桂花树。

而真正认识桂树，却是先闻到它的香气。

十一岁那年秋天，去镇上中学报到。刚走进那座古朴典雅的四合院校舍，便有扑鼻的幽香迎面袭来。贪婪地深吸着那清幽浓郁的芬芳，刹那整个肺腑好像都沁满了香甜的喜悦，不由得脱口而出："什么花？这么香！"

有随行的同学立刻指着池塘边那几株青翠苍碧的树影，大声嚷嚷着："是桂花，你看，那边的桂花全开了！"

由此知道了这馥郁袭人的香气，便出自桂花，于是好奇地走近。只见很多如同米粒大小，或黄或白的细碎小花，簇簇拥挤，密密匝匝地缀在碧如翡翠的绿叶之间，煞是惹人怜爱。

呆呆地站在树下仰望着清香怡人的满树细碎，不由得心生欢喜，原来这就是桂花了！此后便愈发地喜欢桂花了。

因为喜欢桂花，爱屋及乌便也喜欢桂林，桂林自古多桂树。据说桂林名称的由来，就是因为玉桂树颇多。自古以来，文人墨客吟诵桂林的佳句，也多有对桂花、桂树的赞誉。据相关资料记载，整个桂林市至少有十万株桂树。一到秋天，桂花遍地盛开，只见千层翠碧，风姿绰约的桂树上，层层叠叠，密密麻麻地缀满了星罗棋布、繁华如梦的细碎小花，一阵微风拂过，沁人心扉的幽香顿时钻入肺腑，令人心旷神怡，如痴如醉。

　　难怪唐代著名边塞诗人王昌龄在送高三到桂林时，纵使面对着滚滚东流的湘江之水，也无不尽的惆怅和不舍，有的是飘逸出尘的雅思，生动诗意的期盼着。你听，归时还捧桂花香，多么富有诗意和美感的画面。遥想着在远山如画、碧水似玉的梦幻美景里，有悠然的暗香盈满衣袖，那该是多么美好而悠长的一个梦啊！自此那样的桂林，也便成了我心中一个芬芳而悠远的梦。

　　十九岁那年春天，我终于背上简单的行囊，独自踏上了开往桂林的列车，去寻找那个幽香而旖旎的美梦了。尽管不是去旅行，只是为了谋生，但一路上却兴奋不已。那时正是青春葱茏的年月，骨子里总有很多美好的向往，就连梦想好像都带着苍翠欲滴的鲜嫩，对于远行这样的事情，自然有着无限高涨的热忱。

　　尽管买的是卧铺票，但一想到桂林那甲天下的美景和满城的桂树，便毫无倦意，一直趴在车窗前看风景。

　　铁轨"咣当咣当"，每响一下就好像敲在我的心坎上。看着窗外飞闪而过的风景，只觉得自己也成了"呼啦啦"的风，一颗心早跟着列车飞了起来。三十四个小时之后，火车终于驶入了桂林境内。那时已接近黄昏时分，正是乍暖还寒的早春，窗外飘着纷飞的细雨，看着远处那黛绿油润、寒色微凛、犹如一幅冷画屏般的远山，只觉得整个身心都浸泡在这无边的春色里了，自己仿佛刹那也变成了一潭碧绿苍翠的春水。

　　分外遗憾的是，在桂林辗转一周，工作依然毫无着落，而朋友口中的美好，不过是一场精心设计的骗局，心情顿时跌入谷底。原本鲜美无比的桂林米粉，不仅吃不出鲜爽的滋味，更是味同嚼蜡；那些犹如仙境，烟雾迷离的山水，终没能愉悦心情，只是增添了满目的忧愁。在何去何从的反复煎熬里迷茫了十天，自然没有心情游玩，最终只能无功而返。

如此我与桂林，只能在因缘际会中擦肩而过。后来去过很多山清水秀、景色秀丽的地方，但对于风景如画的桂林，因为心存芥蒂，因为五味杂陈，一直抱着一种谨慎的态度。

时光飞逝，转眼十几年过去了，偶然看着友人相册里江水清清，舟影绰绰，远山如画，晓霞千里的桂林美景，到底还是怦然心动了，于是选了秋意渐浓的十月，再次前往桂林。

到达桂林时，正是桂香四溢，繁花满枝的季节。不论是迎宾大道，还是阡陌小巷，随处都能见到桂花繁密而细碎的娇俏模样。它们有的一株独立，有的三三两两，也有的群木成林。桂林桂树之多，只有亲历，方有感触。

难怪王昌龄要说"归时还拂桂花香"了。

更让人惊喜的是我住的酒店庭院里，也种了不少桂树，推开窗就有扑鼻的幽香，凌厉而霸道地飘了进来。但那种霸道没有丝毫的侵犯感，只是凌厉，只是霸气。那是一种与生俱来的强大气场，不与任何人商量，闻到它你就会欣然接受，你只能欲罢不能地欢喜着。

那是桂花的天性，天生就带有那样摄人心神的能力。就像一位纤柔而楚楚动人的女子，让你不由自主地想去怜惜她、宠爱她、保护她。

晚饭后徜徉在花香四溢的江边，看着那丛丛簇簇枝繁叶茂，密密匝匝多如繁星的桂花，仿佛连呼吸都有了梦幻般的轻柔和甜蜜。一阵微微的秋风拂过，细碎如雨的桂花便洋洋洒洒、层层叠叠地飘落下来，我和好友的头发、衣服上都沾了不少。

友说："花落人独立，别动，我要给你照相。"

再想起数年前我在桂林的遭遇时，不由得莞尔一笑，会心地露出了最甜美纯真的笑容。

你看，时光多好！当时那么让人痛彻心扉的感觉，如今都过去了。人说面对这尘世的伤害，时间才是最好的解药。

所有曾经以为过不去的，不会忘记的，终究会过去，会忘记。人这一生，难免会经历不愉快和挫折，当一件糟糕的事情已经发生了，我们唯一能做的便是学会接受，及早放下并遗忘。人活着，总是马不停蹄地在经历，只有经历才能教会我们快速成长；没有经历的人生，如同一张薄如蝉翼的纸，经不起任何的风吹雨打。生活在这五味杂陈的尘世间，去苦留甜，才是对生命最好、最真的交代。

一直喜欢桂花的味道，去年在香港的百货商店挑了一瓶桂花味的香水，却又害怕喷在身上气味过于浓烈，犹豫再三还是放下了，最后选了另外一瓶清新淡雅的。也许是因为少年时代的变故和经历，一直以来我都活得过于自律和谨小慎微了。如今在这天地浩大的自然风光里，倒想放纵任性一把，也做一回"采花贼"去吧！

于是脸红心跳地环顾了四周，在确定没人注意我之后，偷偷摘了一小把桂花，小心翼翼地放进衣服的口袋里，我要用桂花做一回天然的熏香。

第一次做这么出格的事情，到底还是做贼心虚了，紧张得手心都出了汗。

友见我过分紧张和窘迫，忍俊不禁地故意敲着我的额头打趣着："采花大盗！"

我娇嗔地瞪了她一眼，冲她了做了一个大鬼脸，然后把手指放在嘴唇上做了一个禁言的动作，转身大踏步朝前走了。

不过心底却美滋滋地想着：如此一来，几日后返程时，我是不是也成了那"归时还拂桂花香"的风雅之人了？

谁的青春不散场

很多时候我常常在想，人究竟是一个怎样矛盾而反复的个体？为什么在我们年轻的时候，总渴望成熟长大；一旦过了三十岁以后，却又害怕变老呢？

在我家的后面，是一所百年老校。每年新生开学时，在清晨六点半左右，总能听到军训的口令声："一二一，一二三四，一二三四……"

这多么激荡人心的口令啊！听着那些嘹亮而清脆的口令声，感觉自己也像他们一样轻盈。

只是当我远眺着学校的操场，看着被高高拉起的巨大"2017新生军训"字样的横幅时，心里一惊。这样朝气蓬勃的口令声，我已听了整整十年了。

人的一生，又有几个十年？听着听着，原本波澜不惊的心，到底还是春潮滚滚了！

那些如此熟悉，却又恍如隔世的场景，仿佛还是昨天的故事。只是一年年听过来，蓦然回首时，却发现自己只在低头凝眸的瞬间，已站到了柿红如霞，黄叶缤纷的秋天了。

时光竟然过得这么快？突然觉得惶恐起来。来到这五彩斑斓的世界，还不曾认真地做过什么事情，怎么那么多大好年华，竟然"嗖"的一声，都成了斜飞的日影？心底不免格外惆怅。

送女儿去学校返回时需要穿过那所学校，听着愈发响亮的阵阵口令，便忍不住跑去看。

适逢学校汇报演出，站在操场边高大的法国梧桐树的阴影里，有习习的晨风拂过，早晨的阳光像水蛇一样穿透树梢的缝隙形成一束束跳跃的光柱，很多细小的尘埃在阳光里跳舞。

看着那些步伐整齐，青春飞扬的脸，那样年轻的感觉，真好啊！清一色的迷彩服，步调一致、雄赳赳气昂昂的姿态；喊声洪亮、振人肺腑的口号；鲜艳的猎猎旗帜……

看到那样的场景，仿佛顷刻就回到了我的那些青春岁月。

犹记得那年军训，我们被送往陆军学院，第一次穿上迷人而颇具诱惑的橄榄绿，愈发有了英姿勃发的神采。就连走路的姿势，都多了虎虎生风的威武。可半日之后，在类似于军人的超强度训练下，我们一个个蔫得像霜打的茄子。

脚掌磨起了血泡，腿痛得迈不开，很多人在熄灯后，都蒙在被子里哭，可是却没人选择做逃兵，到底还是倔强地坚持下来了。

最难忘的当数那场跑了一半、途中竟然淅淅沥沥下起雨的十公里越野赛了。原本还寄希望于下了雨，教官会减免我们的训练。可教官说："这正是考验你们意志的时候，比赛绝不能停，就是爬，你们也得给爬完了。"

雨一滴滴顺着头发往下流，大家别无选择，唯有咬紧牙关，只有拼命到达终点，才是解脱。

跑到最后，灌了铅的腿早已不听使唤了，可耳畔依然是教官的喇叭声。体力不支跌倒了，身上顿时成了泥蛋蛋，可面对威严的教官，还得挣扎着爬起来，只能再深一脚浅一脚地拼命往前奔着，眼泪和着雨水一起往下淌，却别无选择。就那样麻木地踏在坑坑洼洼的泥水里，鞋子湿了，裤腿湿了，全身的衣服也湿了……

面对"非人"的磨炼，当时大家都恨得牙痒痒，只是到了第二天，转眼就忘了。拉歌的时候，却又是一派龙腾虎跃的样子……

多像眼前小憩的他们啊！

没了纪律的约束，这些年轻而充满朝气的学生，俨然就是一群欢快的小鸟，叽叽喳喳、扑啦啦地四下欢腾着，笑闹着……

就那样像着了魔一样地看着他们，满心都是喜悦，那才是青春应该有的颜色，率真，无须掩饰，眉眼间全是张扬而简单的自我……

也曾记得自己二十出头的时候，在延安给员工做入职培训。

为了形象，零下二十几度的天气，只穿了西服套装和衬衣。看着那些穿着羽绒服还瑟瑟发抖的员工，为了鼓舞他们，竟然就那样陪着他们在雪后初霁的寒冷晨风里，硬生生站了两个多小时，竟然一点也不觉得冷……

那时也真是年轻，竟然那样的勇气可嘉、无所无惧。只是到了现在，都不能了。不只没了那份勇气，身体也吃不消了。

随着年龄的增长，在尘世烟火的摸爬滚打里，逐渐开始变得圆滑通融，再也没有年轻时的棱角分明，没有往昔的尖锐凌冽了。

时光赠予我们的，不止是身体上的沧桑和枯萎，还有心灵的蜕变和钝化。人说青春是一首不老的歌，可谁的青春不散场？走着走着，我们到底还是一天比一天老了。

尤其过了三十岁以后，更是日影如飞，恍然人不觉了。仿佛昨日还是稚嫩鲜绿的早春，你还不曾把明媚春光里那些姹紫嫣红都看尽，只是一阵风的时间，却转眼秋凉了。只听"嗖"的一声，我们就像被射击出去的子弹，不管能否命中目标，都只能拼了命地往前飞。

各种各样的使命、责任、义务，接踵而来……

哪怕到了最后，只是粉身碎骨，但不到生命的终点，谁也停不下来。

曾认识一位年轻时葱茏得如同一团水草的女子。她是好友的远亲，曾是剧团的演员，年轻时非常漂亮，在剧团里扮青衣，能歌善舞。

那时好友还小，经常去看她演戏，每逢有她演出时，场场爆满。总之那是一个妩媚动人、风情万种、美得不可方物的女子。只是后来剧团倒闭，她下岗了，丈夫工作也不如意，生活便过得潦倒落魄。可是她依然爱美，依然穿很艳很艳的旗袍。纵使去买菜，不化妆便不会出门，身上的衣物必是披红挂绿地花枝招展着，所有见到她的人都说美。

那时的她，就是一朵不肯吹落在北风中的花，倔强，亦凛冽生动。旁人见过，常常惋惜地唷叹着："红颜如花，怎奈命不如人。"也许她感觉到别人目光中的怜悯，后来便与人鲜少来往。

前段时间翻看外公以前留下的剧本，很多地方无法理解，便向好友要了她的联络方式。她一听跟戏曲有关，立刻来了精神，便跟我约了时间。

我见到她之前，一直在心底猜测着，像她那么爱美的女人，一定能与光阴僵持到老，纵使红颜变白发，亦会老得很有风情吧！

可是见到她之后，到底还是吃了一惊，她与我的想象真是天壤之别。

老了，不止眼角布满深深的鱼尾纹，脸也皱得像核桃皮一样。胖了不少，不到一米七的身高，却足足有七十公斤左右。我一度甚至怀疑是不是她，可她看了我带去的剧本，随后去柜子里拿出一个已经泛黄的笔记本，还有一个大影集，戴了老花镜一页页翻着，里面好多她当初演出时的剧照。

她一字一句、细致而耐心地跟我解说着。看着那些曾经风华绝代、眉眼撩人的照片，再看着眼前被时光腐蚀得面目全非，判若两人的她，只觉得心底一片哀凉。怕引发她顾影自怜的哀伤，我甚至不敢夸那些照片，只跟随着她的节奏，沉默地听着她的讲解。

结束时，她却轻轻合上影集问我："我当年那些剧照，是不是很美？"

我由衷地赞叹着："美，真美！比现在的很多影视明星都美。"

她咧嘴笑了，转身去放影集。

出来的时候，怕她触景生情，我紧张着不知说什么好。她或许看出我的窘迫，却不以为然地笑着对我说："谁的青春不散场？老就老了，人终归是要老的，谁也逃不脱的。等你到了我这个年纪，就会明白，生活无非就是一个不断经历的过程，不管是繁花似锦的青春，还是暮云低垂的晚年，过去的终将过去。既然已经过去，就不要再纠缠其中而庸人自扰之了。健康而快乐地活着，其实比什么都好！"

我想去远方

关山万里，千山万水是远方；从足下出发，去一个从前并不熟悉的环境，也是远方。很多年前是，若干年后亦是。只要离开了当下，似乎所有的记忆、人与事、地方，都变得陌生而遥远起来了，那些都是让我们渴慕、怀想、向往的远方了吧？

远方到底有多远？要走多远，才算抵达了远方？

出发点不同，认知不同，你的远方也不尽相同。谁也无法站在自己的认知点上，给你一个确定的答案，但远方就那么真实地存在着。它是那么富有诗情画意，那么极具风情，那么生动感人。在想象中它像一个缥缈生香的梦，像蓬莱仙阁的海市蜃楼，也像隔着云端的如花美人，只能想象，只能意会，不能触摸。

可一旦走近了，你便有了真实的感观，它们或繁华浓艳、喧嚣滚滚；或清幽寂静，萧瑟凋敝。这一点一滴，一草一木，一山一水都是构成远方的元素，是你抵达后眼中看到的，心中感受的，耳朵听到的，鼻子闻到的，口中品味到的……

这所有的一切共同铺排浸染、延绵成了你曾经渴慕的远方。这样的远方，让你目不暇接，带给你五味杂陈的感触。

它可能是一座意蕴独特的千年古镇，带着你在古老厚重的岁月里悠然穿行；也许是一片辽阔无垠，波涛翻涌的大海，你只需要静静地站在海浪澎湃的岸边，便能卷起记忆里的千堆雪；更有可能它只是一场惊起一滩鸥鹭的邂逅，一段回忆，一顿美食，一段刻骨铭心却又已经随风飘散的恋情……

只要你愿意出发，沙漠、高山、河流、大海、草地等等，这尘世间你能抵达的一切，都能成为你的远方。

谁是我的远方？我又在谁的远方？

这世间总有一个人，是你今生不能抵达的远方；你也会成为别人心中永远不能走近的远方。在感情的层面上，你们有同病相怜的苦楚，可面对人生，这样的苦楚却无从替代。得不到你想要的，就算有人离你再近，你还是会心心念念着自己那滚烫而热烈的远方。

我对远方的向往，是从何时开始的？

童年太小，那些伴随我成长的某些片断，早已模糊不清了，早已成了真正的过往。

但后来听母亲说，在我抓周时，他们便知道我长大之后，并不会拘于现状地固守在故乡。在他们摆放的那些琳琅满目的物品中间，我既没抓笔墨纸砚、针线剪刀之类，也没抓糖果美食、玩具布偶，而是一把脱下脚上的绣花布鞋，放在手里反复地把玩着。

大家急了，把围在我身边的物品推了又推。奶奶还故意拿带响声的玩具诱惑我，可我却依旧大眼咕噜地盯着手里的小老虎绣花布鞋，俨然一副舍他其谁的表情。大家使出浑身解数，一炷香后我手里握着的，依然还是那只绣花布鞋。

抓周仪式一时陷入了僵局，外祖父在门框上重重地磕了磕手里的铜烟锅，缓缓地吐着烟雾对大家说："这孩子心大，光想着自己的脚呢！长大之后，肯定是走南闯北，游走四方的主了，都散了吧！"

八九岁时偶然得到一本《三毛流浪记》的漫画书，瞬间便被吸引住了。尽管当时不能完全理解，但却替主人公三毛感到难过。只觉得他四处流浪，多么孤单，多么无助。他所处的世界，远在深山的我虽然无法理解，但却能感受得到那是一个遥远的所在。

从那以后远方在我眼里，就是孤单、无助，饥寒交迫，受人欺负和嘲弄的代名词了。

再大一些时，读台湾女作家三毛的《撒哈拉的故事》和《万水千山走遍》，突然认为像三毛那样尽赏尘世良辰美景，看尽人间春花秋月，把万里河山踏遍，让身体和灵魂不停地放逐在路上，才是真正的远方。

只是那样关山万里、随遇而安的远方，尽管带着浪漫魅惑的蠢蠢欲动，但对于普通人来说，到底还是过于漂泊动荡了。选择那样生活方式的人，都有着强大而无所畏惧的勇气，坚韧不拔的超强毅力。那样与风一起流浪的漂泊生活，尽管开阔了眼界，陶冶了性情，但也一样多了常人无法体会的酸甜苦辣和五味杂陈，远非想象的那么浪漫。

于是再想到远方时，总想到那个叫三毛的女子，想到她走过的异国他乡。此后，远方在我心中便成了尽管千姿百态，万象纷呈，但却动荡、漂泊、居无定所、随遇而安、光怪陆离的象征。

后来在生活的辗转迁徙下，也曾离开过熟悉的环境，坐几十个小时的火车，去了寄予厚望的远方。却只是一次满怀希望而去，满载失望而归的抵达。为了曾经诗意的向往，也曾独自去远行，去了向往已久的青岛。

初到海滨时，看着波涛翻滚的大海，一种豪迈的情愫油然而生。

那个傍晚，就那样静静地坐在海边的礁石上看夕阳落幕，群鸟追逐，感觉一切都那么唯美诗意。只是第二天之后，当现实与想象中的梦想完全相重合时，便没了自我陶醉的兴奋。当五四广场、栈桥、八大关，甚至是崂山都成了一个地方的坐标后，顿时少了自己凭空想象出来的意蕴。

一个人漫无目的地徜徉在陌生的街道上，并没有想象中喜气盈动的愉悦，反而多了一份孤独茫然，不知何去何从的不适感。原来，这便是每次抵达远方的感觉。

很多年后，学会了与生活妥协，上朝九晚五的班，过单位、家庭两点一线的生活。那些曾经在梦魇里反复出现的远方，都被柴米油盐消磨在人生日渐枯瘦的时光里了。尽管在厌倦得想要逃离的时候，也曾选择去远行，但却鲜有独自出行的时候了。

面对热浪滚滚、惊涛拍岸的生活，我们都是游弋于红尘浊世的鱼，都像鱼离不开水一样，始终逃不开生活的束缚。

前段时间看到杨丽萍新编的舞蹈《莲花心》时，瞬间被震撼了。

一个年近花甲的女人却依然身姿曼妙，玲珑雅致，俨然就是莲花仙子的化身，那才是真正心怀远方的人。

为了梦想穷尽毕生精力，正因如此时光才会格外厚待于她。让她成为一生都能与光阴绵柔相斥的女子，让她在自己的梦想和远方里熠熠生辉。

早年读汪国真的一首诗，至今还记忆犹新，他说："既然选择了远方，我们便只顾风雨兼程。"

也只有心中有着远方，为了抵达期望的彼岸而锲而不舍地跋涉着，才能在不断的自我超越中获得成长和新生。只要心中怀有梦想，我们便永远不会老。这也是为何一些人一旦退休，整日变得无所事事了，就会衰老得很快。因为内心没有了追求和寄托，便失去了方向和韧性，心中的花一旦枯萎了，就更容易衰老，活在尘世，我们所拼的也不过是心中一念。

左手花开，右手花落。所谓的远方，也不过是从出发到抵达的距离。很多梦想看似遥远，只要愿意脚踏实地地往前走，你的脚步就能度量出收获与幸福的长度。

时光走到了今天，看过红尘的千山万水之后，我终于明白在生活面前，我们只有做心怀远方的行者，才能避过寂静流年里的荒芜和缭乱。

即使生活过得安定闲适，但灵魂和身体，至少要有一个在远方，有着让你心有所系的地方，我们才不至于成为摇摆在天空的风筝。

只有极具魅惑、随时闪着亮光的远方，才是确保我们生命鲜艳明媚的良方。

一家人

"家"在汉语里是个会意字，"豕"在古语里是猪的意思，屋子下边有"豕"，有屋有"豕"才算家。古时家家养猪，盖了房养了猪，方算一户人家。

从家字的结构来看，亭亭华盖，遮风避雨；豕在盖下，怡然自得；豕盖相合，其乐融融。

在今天，我倒愿意把宝盖头底下的豕，看成是生活在一个家庭里，虽各具个性、却又因家紧密相连、有着不同家庭角色和分工的人。

不管是成家立业，还是家国天下，家都排在最前面，可见不管针对小我的人生，还是针对大家的国家，都需以小我小家为基石。有家才有根，有家才不会身如浮萍，有家才不会生发心似不系之舟的孤独漂泊的况味。

家是一个让人心生温暖的词汇，是你晚归时，窗口处依然亮着的那盏灯；也是你千里奔袭，饥肠辘辘之后香甜可口的饭菜；亦是你情绪低落遭遇挫折时，一个静默无声却温暖有力的拥抱；还是无论艰辛磨难，都愿意一直与你风雨同舟的那个人。

　　它是责任、港湾，是加油站，是希望、爱，还是暖……

　　家庭的英文是"Family"，我最喜欢中央电视台播放的一段公益广告里对家庭一词的解释。它把家庭"Family"分为 father、mother、I 和 love you 来解读。而最有意思的是，这些词的头一个字母，都是组成家庭这个英语单词的元素。

　　在我柔弱幼小的时候，父亲"father"和母亲"mother"为孱弱纤细的我"I"，遮风挡雨。时光飞逝，我在他们的精心呵护下，逐渐地茁壮成长起来了。在我青春懵懂的时候，因为成长的叛逆，总渴望挣脱父母的束缚，于是不断地上蹿下跳，与他们发生摩擦对抗，惹得他们愁眉不展。若干年后，原本魁梧高大的父亲，已经在风吹雨淋的岁月流转里，弯了腰，驼了背；而原本靓丽青春的母亲，身材也已经臃肿笨拙。这时的我，已经长大了，成了枝繁叶茂、可供他们依靠的大树，并且在红尘烟火的生活磨炼里，深深懂得了家庭的含义和责任，勇敢担起了照顾一个家庭的责任，深情地喊出"I love you"。最后画面旋转成一个家字，用一个温暖、坚定、有力的声音告诉我们：有爱就有责任。

　　特别是结尾那一句"爸爸妈妈，我爱你"堪称点睛之笔。既朴素、真切、温暖，又有着历经沧桑的深情。第一次看到这个广告时，觉得太形象生动了，这才是对一个家庭最真实最深刻的解读啊！

　　不管世事如何变迁，无论岁月烟火如何缭绕，哪一个家庭，不是如此这般地在循环流转的代代相传里，倾尽深情地演绎着人间的悲欢离合？

　　家和万事兴是家，清官难断家务事也是家。这看似简单，实际却蕴藏丰富的一个家字，又饱含了多少深刻而博大的学问！

突然想起很多年前的一幕。

那是一个热浪滚滚的盛夏，我去无锡的水浒城游玩。从水泊梁山的聚义厅下来，走得乏了，随意坐在景区的长条椅上休息。

身后是一个杂耍场，有一个长得黑黑瘦瘦、约莫八九岁大小、挽着发髻的小女孩在旁若无人地翻跟头。起初我以为，那只是一个无所事事、顽皮打发时光的孩子，并未放在心上。只简单地瞥了一眼，便把视线移向了别处。

过了片刻，喇叭里广播说杂技表演正式开始。我把目光移回了场地，第一个出场的竟然就是刚才练习的那位小姑娘。心底不由得暗暗吃惊，跟我女儿差不多大的年纪，正是吸取营养、补充知识的时候，却为何不上学，竟然在这里做起了杂技演员？

带着这样的疑惑，对她的表演便看得格外认真。

只见小女孩娴熟地在吊环上翻腾、旋转、水平，而后又像猴子一样"噌"的一声便跃到相距两米左右的高低杠上，表演了单手倒立、双脚夹杆行走。最让人紧张的当数小女孩在单杠上表演抛碗、接碗。随着她每一次的跳跃、扔出并接住，人群里都会发出尖叫、欢呼和鼓掌声。

尽管小女孩表演得行云流水，却看得我心惊肉跳，一颗心一直悬在嗓子眼上。在整个表演当中，我一直在心底默默替她祈祷，总担心她会失手……

因为在舞台下面，并没有任何保护措施，舞台底部竟然全部铺着实木地板，倘若她失了手，那后果真是不堪设想……

小女孩好不容易表演结束，一跃跳到了地面之后，我才长长地舒了一口气。

而后一个胖乎乎的小男孩上场了，看样子那男孩子还小了女孩两三岁。小男孩先是表演了长鞭，接着跟女孩配合叠人表演，男孩要站在女孩倒竖起来的双脚上，只是男孩尝试了好几次，竟然都没有成功。

也许由于年纪太小，竟然紧张得汗流满面。这时原本在台边抱着一个两三岁幼儿、身材臃肿肥胖的中年妇女，把孩子交到一旁男人的怀里，站到男孩子身边轻声地说了几句后，小男孩又进行了第五尝试，这次终于成功了！

人群里爆发出了热烈的掌声。

本以为演出到此结束，不想那个中年妇女却出场了。我有些好奇，像她那么笨重的身躯，能表演什么项目？

令我意想不到的是，上了表演场，她竟然脱胎换骨一般，动作灵活利落绝不亚于十八岁的少女。她表演的是蹬大缸，半卧在马凳上，双脚脚掌朝天，大缸在她的双脚上飞速旋转，犹如哪吒脚下的风火轮。而最让人叹为观止的是她蹬完了大缸，竟然蹬起了她两三岁的儿子，只见孩子在她的脚上，犹如轻软的棉絮，也像是磁性相吸的一块磁铁，怎么也掉不下来，只任由她腾空、移动、旋转、抛出、接住……

很快男人上场了，由女人配合表演了女人当靶子，男人飞刀射物的杂技。看着银光闪闪的大刀，我不禁毛骨悚然，胆战心惊。而女人自始至终，倒是一脸的淡定自若，就好像立在那里看风景一样轻松悠闲，着实令人钦佩。

最后表演结束，全家登台致谢，小女孩拿了盘子过来讨赏钱。

我掏出一百元钱，轻轻放在她面前的盘子里。也许其他游客都是打赏一些零钱，她特意弯着腰对我深深地鞠躬说了声谢谢。

我十分真诚地说："你们表演得真好，应该谢谢你！"

她粲然一笑，拿着盘子去了别处，我看着纷纷离去的游客，内心久久不能平静，便一直徘徊在杂耍场边。待到后来游客都散了，她们一家人便围坐在一起，吃着简单的自带干粮。不过是菜饼、牛奶和水果，但却是一副相互谦让、相互照顾的幸福表情。

我很想问问小姑娘的生活状况，便冲她招了招手。也许因为刚才的大方打赏，她便一直留意着我，立刻就一阵风似的跑了过来。

我踌躇了几秒，却不知如何开口，最后笑着问她："你几岁开始学习杂耍的？有上学吗？"

她抿嘴一笑，脆生生地回答着："我自己不记得，听母亲说好像是两岁多。因为要表演、练功，平时是不去学校的，只是爸爸妈妈有请老师，在晚上教我们一些功课。"

我的心情顿时凝重起来，却不知道还要再说什么。

她见我不再说话，又欢快得如同一只小鹿一样，"蹦蹦跶跶"地跑到父母身边了。待我转身离开时不知她母亲讲了什么，男人一脸的笑意盎然，小女孩眉飞色舞地"咯咯"笑着，小男孩也是一副手舞足蹈的样子。看着她们一家人开心而明媚的笑容，我的内心热浪滚滚……

那个下午，我一直被他们相互照顾、彼此依存、温暖和谐的画面感染着。

那种震撼，就好像心灵突然发生了一场地震。在那一刻，只觉得脑海里所有的词都枯萎了，都成了无用的摆设……

只觉得她们活得如此澄澈、静美。水浒城的天，那么蓝，那么悠远，他们的笑容，那么甜美，那么纯真……

直到今天，每每想起她们时，那一幕仍像是烙在我心底的一块铁。我知道在她们的生活里，肯定不乏五味杂陈、苦涩难当的艰辛困难，但她们依然能够把生活过得静美生香，该有多么不易。

我不由得想起刀郎的那首《一家人》："你我一家人，爱才那样深；你我一家人，情才那样深；温暖驱寒冷，真爱换真心……"

烟花不堪剪

　　年轻的时候，她家境优越，又生得美艳如花，所有认识她的人都羡慕她，觉得她是上帝的宠儿。

　　但后来，父亲生意败落，欠下一身的债务，一家人过起了东躲西藏的生活，最后不得已父母离了婚，她便跟母亲生活在一起。母亲收入微薄，她们的生活过得拮据而艰辛，她逐渐变得娴静少言。上大学后，她是系里公认的校花，追她的人排成排。

　　有一个家境优越的文艺男子，爱她爱得发了疯，铁了心要追到她。于是天天送鲜花，写情意绵绵的信。一天一封，写了整整四百封，她仍不为所动。男子气愤难当，四处宣扬，说她是蛇蝎心肠。

　　只是没过多久，她就爱上了同班一个父母早逝、和她一样沉默孤单、安静清冷且家境清贫的男子。

　　她看他的时候，就好像看到另外一个自己，她觉得他的眼神那么薄凉，他们那么像……

　　大学毕业后，母亲不同意他们的婚事，她为他孤注一掷，跑到他的城市，与他一起租房打拼。

母亲眼见劝阻无效，便使出撒手锏：以自杀相威胁。

她是一个温婉善良、纯正朴实的女孩子，在母亲第三次自杀未遂时，她终于怕了。

纵使再爱，以母亲生命为代价的爱情，又能走多远？百般思量之后，她只能郁郁寡欢地回到母亲身边，无奈而悲凉地跟心爱的人分了手。

她含着泪对他说："姻缘聚散，终不由人。"

他只是冷冷地看着她，没说一个字。

只是一年后他便结了婚，娶了他们市里一个社会名流的女儿，婚礼办得奢华热闹。而后他的事业做得风生水起，她经常能在电视上看到他。

一晃，她已是年近三十的大龄女青年了，她知道自己与他，终归是错过了。得不到自己想要的爱情，总还得活着吧。在别人的撮合下，她也结婚了，嫁给一个对她体贴入微、稳妥踏实，且对她一往情深的男子。

她想：既然没有缱绻缠绵的郎情妾意，那就嫁给一个深爱自己的男子，至少还能落一个平平淡淡的岁月静好。

起初几年，丈夫的确对她很好，虽然不够浪漫，也不够懂她，但也算得上是言听计从，体贴细致。

而她对丈夫，在态度上虽然一直不温不火，但却努力把饭菜做得香甜可口，把家收拾得干净整洁，在他回家时展露出灿烂明媚的笑容。

尽管她还是忘不了曾经的他，每每想起他时，内心还是一片春光明媚的桃花灼灼，甚至在很多夜色凉如水的漆漆黑夜里，她看到身边酣睡如雷的丈夫，内心便会溢满了硕硕的悲凉。

可一旦黎明来临，她便努力地把荒芜的情绪赶走，极力做他温柔贤惠的妻子。

因为她知道为人妻的责任，她更懂得，既然选择了婚姻，便要忠于自己的选择。而那些美如烟花的过往，只是附着在她灵魂上的湿绿苔藓，只能滋长在回忆的角落里。

她想，时间终会成为自己的解药，再绚丽明媚的花朵，一旦脱离了现实泥土的滋养，也一定会枯萎凋零在平淡似水的流年里吧！

可天不遂人愿，在他们结婚第五年的时候，丈夫不知道在哪里听到她之前的故事，说她是一个放荡的女人，曾经发疯似的爱过别的男人，而且那个男人还经常在电视上出现，每次一看到有他出现在电视新闻中，丈夫便开始不依不饶地审讯她。

她觉得既委屈又屈辱，但无法辩白。因为疯狂爱过，那是事实，她不想否认。

但她何曾放荡过？

她觉得不屑，便只淡淡地解释着，那些都是前尘往事了，往事如烟，早已随风飘散。

可丈夫不听，还是纠缠，还是一遍遍地审问她。

她见纠缠不过，只能沉默以对。

丈夫觉得她沉默就是理亏，更为变本加厉，逐渐由起初的嘲弄、酗酒，发展为后来的胡搅蛮缠，再后来喝醉了就打她。如此反复地闹了一年多，她见无力改变，便提出离婚，可婚还没离，丈夫却因为酒驾，出了车祸，死了。

婆婆见自己的儿子死了，更不依了，一直闹到她的单位。非说她是狐狸精、扫把星，在外面勾引男人，勾引男人还不算，还克死了自己的丈夫，简直是晦气到家了。

那段时间，单位里所有的同事见了她，不是指指点点，就是躲得远远的。尽管她的生活跌入了无边的黑暗，可一看到电视上神采奕奕的他，她便觉得瞬间有了对抗的勇气。

于是无论别人怎么诽谤，她非但不低头，反而倔强地挺直了脊梁，努力地让自己活得更好。

时间久了，别人看她没反应，也便觉得无趣了。倒是她在那些打击的磨炼下，非但没有弯下腰，反而变得愈发的坚韧出色。每次在电视新闻里看到温润如玉的他，她就觉得自己不能松懈，于是浑身充满了积极向上的力量，他简直成了她的导航仪。

尽管如此，她却从未想过要找他，也没想过再与他能有什么交集。她觉得这样远远地看着，看着他一世安好，风光旖旎也就够了。这一辈子虽然不能做恋人，但至少还是朋友，毕竟他们曾经那么爱，那么真……

只是没想到，她却能再见到他。

那已是她们分手后第二十年，她丈夫去世的第三年。在一个秋色斑斓、层林尽染、半江瑟瑟半江红的旅游景点。

虽然相距十几米，尽管那只是无意间的一瞥，她只看到他的侧影，可她还是确定无疑，那就是他，一定是他了。

她又仔细看了一眼，他戴了一顶旅游帽，正举着相机，在拍远处的落日余晖。

原本早就平湖秋月、水平如镜的心，瞬间猛烈而"突突"地狂跳着，像隆冬里的一团火，也似春天里的一声惊雷，更像陕北的安塞腰鼓……

她不由得心惊，分别二十年了，她怎么还像个怀春的少女？自己的形象还好吗？

她不由得捋捋头发，慌乱地从随身的小坤包里，掏出一面小铜镜，转过身去对着镜子左顾右盼起来。那可是曾经令她魂牵梦萦、春潮涌动、愁肠尽断的那个人啊！

尽管斗转星移，光阴似箭，一晃已是二十年。二十年的时光，很多人事早已是物是人非，早已成为神色黯淡、枯萎干焉的昨日黄花了。可是此刻她却突然发现，他依然在她的记忆深处郁郁葱葱。

她长长地舒了一口气，露出明媚而愉快的笑容。

虽然年近不惑，皮肤却依然紧致细腻，妆容也算得体，再配上这身宝蓝色典雅大方的套装，她觉得自己依然光彩照人，可以自然轻松地站到他面前了。

客观地说，她也确实光彩照人。

她不由自主地迈着步子，朝着他的方向前进，随着距离越来越近，她的心跳得更加猛烈了！尽管那只是一个背影，可她却如此笃定，那一定是他。她曾经无数次幻想过，就算有一天他老了，哪怕他弯腰驼背，哪怕他满头都飘满了霜花，可她还是能在熙熙攘攘的人群里，一眼就认出他来。

她颤抖着叫了他的名字。

他转过身，看到她时，愣了几秒，随即淡淡地问道："你谁呀？"

"你不记得我了？"

他继续茫然地看着她问："你是谁呀？"

她张了张嘴，蠕动了半天，却挤不出一个字，后来终于煞白着脸，勉强而尴尬地挤出一丝笑容："对不起，我认错人了。"

"曾经，曾经有一个朋友……"

她没再说下去，随之转过身逃也似的往回走，只是两行清泪，却不由自主地奔涌下来。

一直以为，就算他们不能圆满，可至少她也会是他这一生里，最不能忘却且又只能错过的春桃灼灼。直到此刻，她才明白，再盛大热烈的爱情，都只能是相爱时花红柳绿，春光娉婷，乱花渐坠迷人眼；而一旦缘尽时，落英满地，残红斑驳，昔日柔情已非昨。

没想到，他们之间，会比陌生人还陌生。

原来，这世间有一种感觉，叫想当然和一厢情愿。

这世间，还有一种过期的爱情，叫烟花不堪剪。

那些年的爱情

这是一个真实的故事，那天晚上吃饭时，讲故事的男子就坐在我旁边。

讲到最后，我能看到他的眼里隐隐的泪光，并且不停地拿餐巾纸拭擦眼角。在座的十来人，皆被他的真性情感染了，场面瞬间陷入了死水一般的寂静。

而后有人带头鼓掌，顷刻掌声齐鸣，大家一起为他们祝福。

故事是这样的：

男女主人公是大学同学。

如今男人事业有成，人又长得潇洒俊逸，还写得一手好字。可女人却在日渐富贵的生活面前，丰腴得成了"麻袋"。

上大学那会，女人虽不是花容月貌，但至少也算清秀可人。水汪汪的大眼睛，白皙紧致的皮肤，一笑，脸上还有两个甜甜的酒窝。尤其是那两条乌黑油亮、粗细适中的辫子，更是校园里一道靓丽的风景。

男人初见女人时，还是青涩茫然的少年，男人只觉得眼前的女人像一枝洁白的栀子花，而后女人的身影便在男人的脑海里时常闪现。或许那就是爱情吧，男人开始追女人，给她送热气腾腾的早点，为了能看到她，总是制造机会与她偶遇，一天一天……

后来男人憋不住了，便在女人的宿舍楼下表白。

那时男人正是鲜衣怒马的少年，正是渴望爱情的年纪，那时庞龙的《你是我的玫瑰花》正唱得大街小巷都泛了滥。他一点也不怕羞，站在女生宿舍楼下，大声喊着她的名字，然后不管不顾地一遍遍唱着："你是我的玫瑰，你是我的花……"

唱得整座宿舍楼都轰动了，女生怕羞，不敢出来。

只是没过多久，大家便看到她坐在他的自行车后座上，在校园的林荫道上穿梭而过……

毕业后，他们便结了婚。

那时男人家贫，没钱、没房、没车，更买不起婚戒。可女人说："只要是你，我就愿意；只要有你，我就不怕。"

他们一起创业，骑着自行车，大街小巷地跑业务……

那一年，女人的五条牛仔裤都被自行车的座位磨烂了，可女人却看着磨烂的裤子笑着说："感觉座位上像长了刺……"

男人却笑不出声，只能发奋努力。

忘了有多少个夜晚，男人为了多接一个订单，披星戴月还在穿大街、过小巷地"呼呼"蹬着自行车……

蹬着蹬着，他们的日子一天天好起来了。

他们开始有了自己的公司，而后有了房子，有了车子。再后来房子越住越大，车也越开越豪华。现如今，男人的公司已有好几百号员工，女人早就成了全职太太，过起了安逸舒适的生活。

人说男人四十一枝花，况且是事业有成的四十岁男人，更是一朵雍容华贵、开在风口浪尖的花。只是无论男人如何的油润光鲜，只要一看到自己家里身材臃肿、邋里邋遢的女人，就感到分外惆怅和沮丧。

男人觉得，那是自己现在完美生活的一处败笔，像白衬衣上的一点墨。

尽管男人多么渴望自己的另一半，能够与时俱进，能够与自己站在同一高度来分享自己的喜悦，尽管男人也心猿意马过，但那只停留在心猿意马的层面，并没有实质行动。因为那些花枝招展、没有内涵的女人，并不能令久经风霜、阅尽千帆的男人怦然心动。

直到有一天，男人在一个朋友的饭局上邂逅一个女人，便开始心神摇曳了。那女人不仅是一朵娇艳欲滴的玫瑰，还是一朵神秘妖娆的蓝色妖姬。

她不止有美丽动人的容颜、吹弹可破的皮肤、含情脉脉的丹凤眼、高雅脱俗的气质、修长而凹凸有致的身材，最重要的是还有典雅高贵的气质、得体而优雅的穿着，媚而不俗，柔中带刚……

这个女人像一把利剑，一下子便插入了男人的心脏，让男人五体投地，怎么看怎么舒服，越看便越发不能自抑了。且朋友在席间拜托大家替女人物色合适的对象，女人竟然是离异独身，这让男人更是为之一振。

原本并不嗜酒的男人，那天竟没能把持住自己，破天荒地喝了不少，但却并没有醉，往家走时已是凌晨。彼时皎洁的月光像一匹银色的绸缎，酒后在这样的月光里漫步，有一种微醺而朦胧的惬意。

快到小区的人行天桥上，有流浪歌手在深情款款地自弹自唱着"一朵花儿开，就有一朵花儿败……"

多么撩人心弦的歌啊！

男人静听了片刻，搁下一张十元钞票，心潮澎湃地继续往前走着，脑海里却不由自主地浮现出饭局上的那个身影来。整个饭局中，她一直盈盈浅笑着，那脉脉含情的眼光，好像还有意无意地飘向自己……那才是玫瑰嘛！男人突发奇想，便把她的微信昵称改成了蓝玫瑰。

男人越想越兴奋，不知不觉中，已到了家门口，一掏口袋，却没带钥匙。

怕吵到邻居，男人伸手只在门上轻轻叩了一下，在第二次抬手还没扣下去的时候，门"吱呀"一声拉开一条缝，一道亮光一闪，妻子在门缝里像老鼠一样露出半张脸来。一看果真是自己的男人，这才放心地拉开门，放男人进来。

男人看了一眼女人，一身粉红色洗得泛白的棉质居家服，穿在她已日渐圆润肥胖的身躯上，不但没了想象中浪漫温馨的感觉，反而显得惨败黯淡，甚至还有点喜剧的违和效果。

男人原本热烈喜悦的心，忽地就沉了下来，不耐烦地皱皱眉道："跟你说过多少回了，叫你买新的，买真丝的，又不是买不起，穿得这么寒碜做什么？"

女人嘻嘻地笑着："这还好好的，买新的做什么？再说棉的穿着踏实保暖，不像真丝，天一凉，它比天还凉……"

男人轻轻地冷哼一声："你就是棉麻的命！"然后脱了外套，胡乱地扔在沙发上，女人随手接了过来，颠颠地跑去挂在了衣帽架上。

男人坐在沙发上，怔怔地看着自己的女人，不由得思绪万千。同样是女人，为何简直是天壤之别？想到此处，男人幽幽叹息一声，一股浮躁的意味涌上心头。

女人凑过来，满脸含笑地问："饿不饿？饿了我去热菜，都是你爱吃的，你打电话说不回家吃饭时，我已经把菜都烧好了。"

男人愈发觉得委屈了，自己怎么就娶了这么一个俗不可耐的吃货女人？

一股无名火不由得蹿上心头："吃吃吃，你咋就知道吃呢？没看自己都胖得跟皮球一样，还是三句话离不开吃，这日子没法过了，我们离婚吧！"

女人一下子就愣在了原地。

男人说完，扔下独自凌乱的女人，径直去洗漱了。

洗完澡后，男人便抱着被子去了客房。男人一刻钟也忍受不了这样的生活，他觉得跟这样毫无情趣的女人生活在一起，自己一定会发疯的。

男人静静地闭上眼睛，那朵"蓝玫瑰"又在脑海里浮了上来。

只是"吱呀"一声，门开了。

男人正想发火，却见女人端了半杯水，还有一个保温杯，蹑手蹑脚地进来了。男人想起来了，那是半杯蜂蜜水。以前男人只要喝酒时，女人便会体贴地给男人泡蜂蜜水，说蜂蜜水能温胃解酒。

　　而且总是提前晾半杯凉的，男人半夜酒醒后，只要喊一声口渴，女人即刻起来兑了热水，立马就能喝。喝了之后，男人便会觉得格外舒服，后来男人在网上看到，蜂蜜果真润胃解酒。

　　男人看着轻轻带上门出去的女人背影，有那么一丝内疚。只是很快，那种内疚便被他渴望奔向新生活的浪潮淹没了。

　　他觉得他跟女人之间已经没有了爱，他不再想她，甚至已经嫌弃她了。

　　她木讷，不解风情，还不漂亮……

　　人说没有对比就没有伤害，一想到他的"蓝玫瑰"，男人现在能想到的，都是这个女人的不好。

　　第二天，男人便把一份起草好的离婚协议递到了女人手里。他给她一套房子、一辆车，还有两百万元的存款，毕竟是同甘共苦过来的，凭良心来说，他并不想亏待她。

　　女人接过离婚协议的手抖得厉害，眼泪在眼眶里颤巍巍地蓄着，硬是没掉下来。她甚至连协议的内容都没看，就直接签了。

　　不知为什么，男人原本以为女人会拒绝签字，甚至大闹一场，却没想到女人一言不发，竟然签得那么痛快，这让男人心里很不是滋味。

　　女人签完字，沉默了片刻对男人说："你挑个时间，我们去办手续，然后你就自由了。只是我有一个请求，暂时不要公开，女儿正上高中，等她毕业了再公开不迟，我也不会再干涉你。"

男人点头表示同意。

男人觉得终于自由了，开始频繁地约会"蓝玫瑰"，他甚至兴奋地想，只要把"蓝玫瑰"追到手，自己的人生就完美了。

只是约会归约会，每天再晚他依然会回家，连他自己也搞不清楚，到底为了什么。

起初两天，他觉得格外舒心，每天回到家后，再也没有粗俗的身影缠着他了。尽管还在一个屋檐下，除了偶尔会在客厅碰到，进了卧室后，便各关各的门，各做各的事。

只是偶尔视线落在女人紧闭的卧室门上，他又觉得心里空落落的，男人不懂自己究竟是怎么了。

如此过了两天，他第三天再回到家里时，便再也碰不到女人了，他不知道她去了哪里，也不想问。

尽管还在天天与"蓝玫瑰"约会，可是只要一想到家里没了那个俗女人，他便再也没了亢奋激昂的情绪，竟然开始心不在焉了。

而最让他纳闷的是，一连三天回家时都没见到女人。是搬出去了吗？竟然这么快！难道她早就厌倦了自己，这么快就想摆脱自己？

男人想到这些，顿时像泄了气的皮球，连跟"蓝玫瑰"约会的兴趣也提不起来了。

一周过去了，还没见到女人的身影，打她电话却关机。她的老家不在本市，她能去哪里呢？他开始给女人的亲友挨个打电话，可是没人知道女人去了哪里。

她就这样走了吗？这么狠心的女人，他开始慌了，再也顾不得矜持，一把推开女人卧室的门。只见室内整洁，床上被褥方方正正，显然女人一直没回来住过。

他开始疯狂地找女人，可是所有人都没有女人的消息，他感觉到自己的世界凌乱极了。

第八天的时候，医院打来电话，说女人在医院要做手术，需要他的签字。他疯了一般地狂奔到医院，医生告诉他女人腹部长了肿瘤，目前良性恶性不知，等切了化验后才能知道具体结果。

他一下子瘫坐在椅子上，以往的点点滴滴像放电影一样，瞬间浮上了心头。

女人的操劳、体贴、大度、宽容，甚至是女人的怨责、唠叨……

那一点一滴，都藏着女人对他的爱啊！眼泪一寸寸流下来，他不敢想，若没了这个女人，他要怎么办。

他去病房看女人，女人见到他，瞬间便红了眼圈，只是低着头并不说话。

他问女人："病了为啥不说？"

女人说："我们都离婚了，跟你说做什么？"

他说："没办手续，就算没离。"

女人说："那我们先去办了手续，然后你再帮我把住院手术的字签一下。"

他再也忍不住了，泪如雨下地哽咽着责问女人："你就这么想离开我吗？你早就对我没感情了吧？"

　　女人愣了片刻，泣不成声地说："你要跟我离婚，我还能如何？你现在身份地位不一样了，我知道我再也不能与你比翼同飞了；再说我现在得了这个病，不知道是好是坏，万一是麻烦病，我总不能把你花空了吧？你和孩子以后还得生活呢！"

　　男人突然像个孩子一样，号啕大哭起来。瞬间从随身的包里取出离婚协议，一把撕得粉碎。他一把把女人搂进怀里，不停地跟女人道歉，他觉得自己简直就是一个混蛋，甚至想抽自己的耳光。

　　多么好的女人！

　　女人在面对自己的生死时，竟然还没有一点私心，心里想的念的，竟然还全都是他。这么爱他的女人，他却差点辜负了她。他对女人发誓，无论好坏，他都再不谈离婚了，他要一辈子好好守着女人，让女人安心治病，只盼着女人快点好起来。

　　一周之后，女人动了手术，且在男人的悉心照料下，恢复得很快。三天后化验结果出来了，肿瘤是良性的。

　　男人果断地删除了"蓝玫瑰"。

　　这一场差点生死离别的经历，让他彻底地明白了只有眼前这个朴素的、任劳任怨的女人，才是他这一生中，最美、最芬芳的玫瑰。

桂花香里忆父恩

今年的秋天来得似乎特别早，几年来都没有开花的桂树枝丫中萌发了米色的花苞，而父亲的笑容却永远留在了黑色的镜框中。

那棵桂花树是十年前父亲在世的时候，从五十里开外的老舅家挖来的，准备给我带到城里养。只因为我曾经说过一句喜欢桂花，父亲便想起了老舅家的那株桂树。老舅家在大山深处，父亲徒步用了一整天的时间，一个背篓便把带着泥土的桂树背回了家。听母亲说父亲回来的时候，脚板磨起了很大的两个血泡，却欣喜地唠叨着要见到我时的种种情节。可桂花树没有送来，父亲却因为心脏病突发猝死在临行的前一天。

办完丧事，看着病歪歪的母亲和年幼的弟弟，心底的悲苦和凝重就像枝丫上密密麻麻的桂花。泪在静默里肆意流淌着，心底的每一缕痛楚都会随着吸入的幽香入肺，而父亲的一切只是天人两隔的茫然，可生活还得继续。

我带着那株父亲还没来得及送到城里的桂花，小心地移植在窗台下。沉湎在悲痛中，望着城市疾驶的车辆，思念的伤痛在繁华里喧嚣。父亲倒了，家中的一切只能靠我这个长女。夜深了，没有风，也没有月的朦胧，陪伴我的除了窗台下那株静默的桂花树，还有掺杂了父亲气息的故乡的泥土。

父亲只是三秦大地上普通的一个农民，和许许多多祖祖辈辈生活在这里的村民一样，一辈子守着这座素有"秦楚咽喉"之称的千年小城，沿河而居。面朝黄土、脚踏汉江、日出而作日落而息是他们亘古不变的生活方式。父亲本有一个温馨的小家，三个孩子和一个美丽且贤惠勤劳的妻子，日子倒也安稳滋润。但是那一年父亲做了村里的支部书记后，家里的一切厄运似乎也就开始了。

父亲先是丢下家里几亩果园和十几亩山地，积聚村民修了唯一一条通往镇上的公路，而后又打起了修桥的主意。

那是一条二十多米宽的小河。每逢雨季，山洪伴着砂石奔腾而下，原本清澈见底的河水立刻变成令人望而生畏的滚滚黄汤。我们这些隔河而居的孩子，只能望河兴叹地长时间辍学在家了。有一年夏天，雨断断续续地下了一个月，河水刚退又涨，我们只能一次次徘徊在学校对面，父亲只能看着我们隔河而望的身影发呆。

那年夏天过后，父亲拿出家里的全部积蓄，在一次次村委会的讨论中执拗地争执着。无论如何，他也要在这条河上架起一座牢固的桥，让孩子们上学有个安全通道。

有人说："你家的孩子就住在河对岸，那是谋私。"

可村里住在河对岸的孩子，有一多半。

　　无论别人怎么说，父亲的态度强硬而坚决，大家拗不过父亲，最终决定修桥。

　　谁也没料到，父亲在拉建桥材料时出了车祸，卧床一年有余。而等父亲终于能起身了，桥也修好了时，却被一封匿名信给告了。

　　理由是借修桥之名，中饱私囊。虽然纪检委最终还了父亲清白，可父亲却病了很久，也让家里欠了一身的债。尤其是母亲的埋怨，更使他无颜以对。性格火暴如他，又怎么能承受呢？

　　一气之下，父亲辞去村支部书记的职务，日益在痛苦里消沉。而同年懂事的我，只身离开了那个坠入贫困和艰苦的家，独自去省城打拼，而后省城便成了我的第二故乡。

　　此时中秋将至，我想起了家中孤苦的母亲，看着父亲的照片，印象中那些无法抹去的记忆再次清晰。

　　父亲就是我心头的那座山啊！带着陕南淳朴的性格，早已屹立在我心中了。他亲手挖回来的那株桂花树，如今终于开花了！一朵朵金黄的花瓣，簇拥着我的追忆，在静默里黯然。

　　站起身来，在父亲的遗像前静立，泪水滴落在秋风早来的暗香中。

　　阴阳相隔的两茫茫里，一个懵懂少年所经历的那些生死离别的伤痛，又有几人能懂？

　　是我心底的思念，催生了桂花的绽放吗？或许秋风也关情。那满树的细碎，是我对父亲无法诉说的默默思念之情吗？父亲走了，再也不能给我温暖和疼爱了，而后，我只能一个人勇敢地挑起全家的生活重担，对所有的苦难，一概视而不见。

很多夜深人静的月夜里，经常看着窗外的天色，想象着久违的桂花如何在苍劲的枝干上释放出思念的暗香。

多少如水的夜色，遮盖了我思念的泪痕？多少年来，笑容里覆盖的悲伤，是不是只有在天堂的父亲才能看见？时光一年年走过，思念在每一个日出到黄昏的空间里轮回。十年生死两茫茫，连岁月也无法称量出我思念的重量，而只有那株十年未曾开花的桂树，陪我一起在时光的轮回里矗立。

我一直相信寒冬会远去，桂花虽然经历了太多的风雨，总有一天也会开花。

一些情绪里衍生的低落，只是白天到来之前的阴晦。尽管时光过去了很久，有些痛刻意不再重提，然而思念却总会在八月里汹涌。经常沉醉在儿时父亲疼爱我时那个小小的动作里，那块从千里之外带回来的桂花糖啊，还停留在儿时的香甜里；那些温馨的片断慢慢地在心底化开，一次次在泪眼里重温。

而在这个八月里，那株静默了十年的桂树，终于在积蓄了已久的花期里，绽放成了这个秋天里最耀眼的繁华。今夜，我终于可以枕着伴有父爱的幽香入梦了！

爸爸，今夜你会来我的梦里吧？让我亲口告诉你，那棵桂树，终于在你永远也不会消逝的爱里开花了！

第三卷
惜光阴·
天生我材必有用

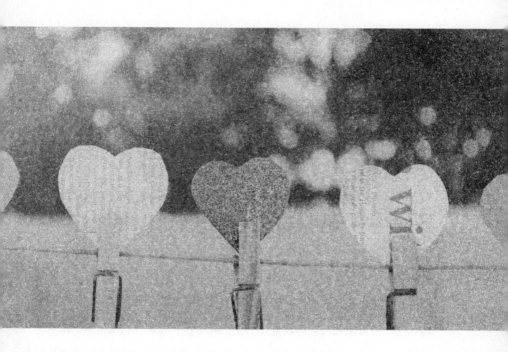

人生是我们自己的，与其在别人的辉煌里仰望，
不如亲手点亮自己的心灯，以理想做舟，奋斗为桨，扬帆远航。

马不停蹄的日子

中学时读元曲《争报恩》，读到"路遥知马力，日久见人心"一句，刹那便入了心，后来这句话便成了我的座右铭。

过节时，同学之间流行互送明信片，我常常非常用心地把这句话写在明信片上，再郑重其事地送给关系亲近的女生。感觉那一笔一画，一撇一捺之间，都倾注了我绵密的情谊。很多年以后，在时光的匆匆流逝里，经历了尘世的千回百转，尝尽了人生的酸甜苦辣，这句话并未在心头退却，依然是高悬于我头顶的明月光。

我喜欢绵长悠远，且能经得起时间检验的情谊。在古代，马是重要的交通工具，也是人类亲密的朋友。有一句话叫马通人性，经常在影视剧里看到马与主人生死与共的场景，格外让人动容。后来喜欢用马不停蹄这个词来形容生活的过程，感觉既有坚韧笃定的利达，也有延绵不绝的可持续性，于人的一生而言，也是最生动形象的表达了。

人生不正是这样吗？

年轻的时候，就是一匹英姿勃勃的枣红色小马，在白雪皑皑的原野上奔跑着，不惧风寒，不畏路远，只要在路上跑着，心底总洋溢着饱满的希望。那"哒哒"的马蹄声，就是为自己擂的战鼓，"咚咚"地敲击着自己的心坎；只是此去经年，人到中年后，突然发现，年轻时能够轻易追逐的梦想，依然是一头雾水，细细回味以前所走过的路，除了地上深深浅浅的脚印外，便只余下风的叹息了。

我年少时，曾对一位关系要好的朋友说："尽管我们都在各自的轨道上，为了生活马不停蹄地奔忙着，但你永远在我心中。只是到了现在，不知是谁路下那匹马跑得过于急促了，尽管我们都在马不停蹄，可再也见不到彼此的身影了，再也不能齐头并进地策马而行了，再也不能了！"

时光可真是一匹微凉的绸缎啊！也许只是一个回神凝眸的瞬间，人一走，茶便凉。

席慕蓉说："我不是立意要错过，错过那花满枝丫的昨日，又要错过今朝……"这样的错过，真是无可奈何。在没有返程的人生之旅里，不管你愿意与否，我们都只能马不停蹄地向前奔走，然后再马不停蹄地错过。

就像此刻，时光还在无声无息地马流逝着，我端坐在清冷的黄昏里，泡一壶正秋的铁观音，静静地回首着一路走过的风景，曾经很多马不停蹄的日子，都成了时光坐标上支离破碎的片段。在漫长的人生中，很多当初以为能够铭记一生的事情，最终还是忘记了，而真正能够令我们记住的，不过是很少的一部分。

犹记得那年秋雨霏霏的午后，樊川的少陵塬上柿红如霞，草如黄绸，远山如黛，这样繁重而亮丽的景象，更像一副色彩饱满而生动的油画。我坐在陶然亭里，与几位文友闲话长安的人文历史。

聊兴正酣时，一文友捧出一本名为《打马过长安》的书。未曾翻阅，只这豪情万丈的书名，刹那间便渲染出了历史的厚重和况味。顷刻之间，我的心底也似有一匹烈马疾驰而过。

仿佛作者就是一位策马疾驰的游侠，他手中的笔倒成了纵横文字江湖的利剑。古韵悠悠，繁花似锦的古长安，在时光的游走里，就被作者手中的这支笔，痛快淋漓地肆意渲染着。

茶喝了一盏又一盏，亭子里有人在吹埙，极目远眺，旷野辽阔，风"呼啦啦"地吹着，我们在时光翻过的书页里，捡拾着一些昨天的故事。

文友指着远方深情地对我们说："你们看，不说远的，单我们眼前这片地方，就蕴藏了非常丰富的人文历史。神禾塬、白鹿原、少陵塬遥遥相望；杜甫草堂、崔护的小桃偶遇、历代的名人轶事，都是说不完的故事……"

看着他意气风发，高亢有力，气吞山河地细数历史人文的样子，即刻让我想起了孟郊的名句："春风得意马蹄疾，一日看尽长安花。"

只是我知道，对于以文字疗饥的文化人来说，春风得意终是自我的精神疗养，只能蘸着内心的情怀煮出一锅自我陶醉的小幸福。于生计而言，实在是一点也不春风得意，甚至会屡屡失意。

以前曾看到文友在朋友圈分享过自己写作的心酸经历：

母亲说你整天只知道买书，写文字，连过年节日也不休息。写了那么多，这几十年下来，你又落下了什么？你看看别人的生活，谁不过得比你富足？房子、车子、存款，你有吗？你写的字能当饭吗？

底下配了一张图片，在日暮西斜的黄昏，有飘摇不定的黄叶在秋风里摇摇欲坠，看了真让人心酸，有一种欲语还休的惆怅和茫然。

作为一位母亲，她关心自己孩子的生活是真，她不希望自己的孩子过得那么窘迫。在母亲看来，自己的孩子生活得富足，便是她最大的安慰。

只是母亲不会懂得，对于儿子来说，追求自己的人生理想，也一样是幸福而快乐的事情。

在逼仄尖锐的生活面前，不管是物质上的殷实富足，还是精神上的春华枝满，都离不开马不停蹄的奋斗。从前一直觉得文学作品里所描述的那些身手了得、武艺高强的角色，都是虚构的吹捧，直到那日在无锡的三国城看到《群英战吕布》的大型文艺表演时，才认识到，一直以来自己真的太主观了。

那时正是酷暑难耐的七月，江南的雨总是来得毫无征兆，前一刻还是艳阳高照，不过是一转身的工夫，便又大雨倾盆了。

看着瓢泼的大雨，我非常遗憾地认为，演出估计会被取消了。

很久以前就曾听别人说过，这个表演特别出彩。为了不错过，我还是满怀希望而耐心地等着。

眼看开演时间到了，场上还没有一点动静，就在我以为真的不演了时，一位骑着高头大马的少年从城楼里走了出来。只见他先慢悠悠地绕场行走了一周，而后便开始策马扬鞭地疾跑了一周，然后再退了回去。

有了解内情的游客小声说："表演很快便会开始，那是演员出来试场地呢！"

果不其然。几分钟后，大队人马便陆续出场了。

尽管一直下着雨，可那些演员却毫无惧色，一个个都是生龙活虎的样子。一时间，场上便旌旗飘飘，马嘶鼓鸣，杀伐搏斗，真是好生热闹。尤其是那些主要演员，每个人都有能够拿得出手的绝活，直看得我目瞪口呆。

胯下是疾驰如风的骏马，他们却如履平地般的在马上纵横跳跃，腾挪飞闪。而且每个人出场时的姿态都不尽相同。那些马儿跑得比掠过的风还快，可他们的身手却比马儿更矫健。有的伏在马背上疾驰；有的倒挂在马肚子上；还有的从马背上飞跃到地面，再跳上马背；也有的直接躺在马背上，竟然像睡在自家的床上一般平稳……

主要演员亮过相后，接着便是根据三国里的剧情编排，在快速行进的马上厮杀打斗。只见战鼓齐鸣，急驰如风的人影、战马眼花缭乱地混做一团，马儿便愈发地欢腾兴奋了，场面甚是热烈震撼。而那些演员，个个都是生龙活虎的雄狮，招招惊险无比……

那一刻，除了感动和敬佩，我便只有鼓掌叫好的份了。

后来散场时我走得比较快，刚好碰到饰演关羽的演员骑在马上从我身边慢悠悠地退场。我仔细地打量着他，在银光闪闪的铠甲之下，是一张稚嫩懵懂的脸，而且是一副羸弱消瘦的身板……

　　后来听节目组说，他们能有如此高强的武艺，都是打小就练习的，而且要冬练三九，夏练三伏，日日都不能间断……

　　那一刹那，我能想到的词，也只有马不停蹄了！

　　对于生活来说，没人喜欢过得马不停蹄，步履匆匆。太过紧促总是容易让人感觉到疲累。但对于人生而言，我们必须有马不停蹄的精神和韧劲，任何一件事情能够取得成功，都离不开马不停蹄的努力和奋斗。

织锦人生

刺绣是我国历史悠久的民间手工技艺，流传至今已有两三千年。喜欢刺绣的人很多，但能够绣好的却不多，因此纯手工的刺绣制品，都会价格不菲。特别是那些手工绣花的旗袍，动辄就要价值过万，实在算得上奢侈品了。

五月中在深圳"文博会"上签完书后，信步在展览馆里闲逛，当漫步到甘肃馆时，看见一幅 21 米长的《彩绘丝绸之路》长卷，镶在展厅的一侧。一直对丝路文化充满兴趣，便走过去细细观摩。打眼一看，还以为这是一幅书画作品，工作人员见我驻足，便主动过来介绍说这是一幅甘肃的刺绣作品，而且是著名的甘谷刺绣，刹那便惊艳到我了。

眼前的这幅长卷，绣工精细，色调柔和，意境宏大悠远，不仔细看，真的很容易就当成是书画作品。

这样美妙绝伦、巧夺天工的刺绣作品，我还是头一次见，便连连夸赞着。

她看我兴致颇高，眉飞色舞地给我讲解了甘肃刺绣的发展史，还着重介绍了兰州的刺绣大师——毛存文女士，说她简直是刺绣超人。她最长、最恢宏的一幅作品，名为《中国历史》，竟然从黄帝绣到了当代，长达百米……

真是一个让人敬慕的女人。

后来在网上查了与毛女士相关的资料，一字一句地读了她从一位懵懂青涩的普通农村小妇人，努力成长为今天刺绣大师的心酸经历，瞬间便让人肃然起敬。

她真是一个顽强而坚韧的女人。

二十三岁起便迷恋上刺绣，无奈家人不支持，她便偷着绣，结果绣到入迷时忘了警戒，因此时常遭受丈夫、婆婆打骂。就算如此艰难，她也从没想过要放弃，甚至在孩子精神失常、生病住院的时候，她还凭着超级顽强的毅力，完成了奥运题材的相关绣品。这样百折不挠的精神，着实令人敬佩不已。

幸运的是，她的努力终于获得认可，她不仅成为刺绣大师，而且申遗成功。她的努力，将会被载入史册，她精湛的刺绣技艺，也会在历史的长河里熠熠生辉，源远流长。

在滚滚的红尘烟火里，多少人不是如此这般，竭尽全力地织着人生这块锦？

那些为了梦想努力打拼的人，他们总希望自己都是技艺精湛的工艺大师，能够把最幸福、最精美的图案，绣满生活的角角落落。表面看来，也许她们绣的仅仅只是一幅幅没有温度、没有情感的刺绣作品，实际上她们绣的是自己的理想、幸福，甚至是整个人生。

这让我想起了一位故人。

二十年前的她，长相一般，身材矮小，走在人海里，是属于瞬间就会被淹没的那种，且个性木讷，一点也不出众。

二十年后大家再见面，很多人脸上都有了岁月的风霜，神情里也尽是疲惫的沧桑。在生活的旋涡里摸爬打滚，张扬葱绿的青春早已失散，大家都在往回收了。有人感叹，岁月不止不饶人，简直就是一把杀猪刀，在摩拳擦掌之间，我们早就变成了待宰的羔羊……

而她一来却像走红毯的女星，顷刻便把大家惊得目瞪口呆了！如今的她，跟当年简直判若两人，不止变得漂亮妩媚了，且气质典雅，在举手投足间，还有了猎艳艳的风情。

好像岁月倒不曾刻薄于她，反而成了令她明艳动人的养料，一时间她便成了同学会的焦点。

貌似了解的人说，她很幸运，嫁了一位好先生，有钱有闲，她只负责在光阴里美美地养着，自然能够避开那些千疮百孔、烟熏火燎的纷杂，自然能把生活过成绿肥红瘦、姹紫嫣红的春天。

表面看来，她的生活的确是一件华丽丽的袍，也似绣着斑斓秋色的锦缎。她穿昂贵的真丝衣物，开一百多万的豪车，戴几十万的珠宝……

甚至每年两趟国外旅游，国内游只随她的时间和兴致而定，在她生活的小城里，一些旗袍秀或者是小型文艺演出，她常常是领衔的主角……

可我知道，她的真实生活，绝对不是表面这般华美生香，潇洒如意。

那年我在小城休养，曾陪伴过她一段时间。那些日子，我们天天在一起，从早晨到黄昏，我看到她都在马不停蹄地旋转着。我真实地感触到她那繁花似锦生活的背后，有很多不为人知的心酸和悲凉。

她每天六点准时起床，做早餐，收拾自己，照顾孩子吃早餐，送他们去上课。然后自己进行短暂的晨练，去先生的公司上班。

至此，忙碌的一天才刚刚开始。对账、采购，做先生的秘书、孩子的保姆、客户的接待员……

一件件、一桩桩的事情接踵而来，她是一个随时待命、身兼数职的机动人员。如此忙碌到黄昏，如果先生晚上有应酬，她还得安排饭局。联络、订餐位、准备酒水……

往往一边接打着电话，一边对着镜子打理自己。不得不佩服她的功底，编头发、化妆、换衣服可以和诸多事项同时进行，之后再光彩照人地出现在饭局上。整个席间，她还得照顾着甲乙丙丁，张罗着酒席的进度，联络着酒席上宾客的感情，像一只不停旋转的陀螺。

好不容易饭局散了，如果先生喝高了，她还得善后……

而舞蹈、秀场排练，通常只能在晚上先生没有安排的时候进行。她说那些都是爱好，生活高于一切，爱好只能是生活的配饰。

有一回，我们一直忙到凌晨，才把方方面面都安排妥了。我看着神色疲惫的她，非常心疼地说："感觉你一天真累！"

她一边娴熟地开车带我穿行在苍茫的夜色当中，一边"啦啦"地唱着歌。过了片刻，她"扑哧"一笑，突然问我："你说，如果大家看到我一天忙成这样，还会不会羡慕我的生活？"

我没有立刻回答她，而是意味深长地反问她："你喜欢这样的生活吗？"

"当然喜欢啦。"她不假思索地脱口而出，音响里缓缓流淌着徐菲琳的《小幸福》。

车子经过护城河时，我按开车窗，一阵清新怡人的花香飘了进来。"好香啊！"我们情不自禁地同声感慨着。

她提议："不如下车吹吹风吧！"

我说："好啊"！

我们把车子停在路边，彼时正是山花烂漫的春天，夜风徐徐地吹着，她拢了拢飘散的长发，感慨良多地对我说："其实刚结婚那会儿，我们也是一无所有，最穷的时候，我们出差曾住过五块钱一夜的旅馆。好在先生能吃苦，又富有开拓进取精神，局面才一天天好起来了。他倒没有要求我做过什么，但每天看到先生那么忙，我总想帮帮他。

"尽管很多时候真累，但虽然累却也快乐着。因为做这些工作时，我并不是被动地在承受，而是出于对家人的责任和爱。心中有了爱，生活便会充满无尽的希望，一些美好也会接踵而来。后来所有的苦累，都变成了甘之如饴的快乐！"

我轻轻摸着她绣着大朵牡丹的紫色旗袍说："你这样的状态真好，感觉你在织锦。"

她先是一愣，随后笑语盈盈，却又意味深长地对我说："我喜欢你这样的比喻，谁的生活不是织锦呢？所有的幸福和美好，终归都要自己一针一线，经纬纵横地去织。否则这美丽妖娆的绣花旗袍，从哪里来呢？"

我不禁为她的精彩感悟鼓掌。

或许这世间每一个拥抱梦想、砥砺前行的人，都是一名出色的织娘和绣工吧！

想到此处，脑海里顷刻便闪现出在电视上看到的一组画面来：

在风和日丽，蓝天白云的早春，或者是秋高气爽，落日熔金的斑斓秋色里，长发及腰、花枝招展的姑娘们捧了针线篮子，三五成群地围坐在土墙边，她们有说有笑，悠闲自在地穿针引线，然后再蹙眉静心，小心翼翼地飞针走线着……

尽管有的绣了鸳鸯戏水的荷包，有的是比翼双飞的枕套，还有的是花团锦簇的团扇，可无论是哪一种绣品，其中一定饱含着她们对未来美好生活的向往和祝福。

唯有时光不会辜负

　　我们常常觉得时光刻薄，总叹岁月匆匆，韶华易老；总怕自己的人生在红了樱桃、绿了芭蕉之间，便被时光这杀人于无形、铁面冷酷的刽子手，分割得七零八落了。

　　我以为，我们这样看时光时，都是戴着有色眼镜，带着自私自利的目的。那不过是自己无能为力，无法圆梦时对自己悲悯的哀婉，进而对时光刻薄的指责。仿佛只有这样，我们才能心安理得地接受自己的失意，才能替那些晦暗的颓败找到借口，于是便降罪于不争不辩、静默无言、悄然无声的时间了。

　　你以为这世间，还有比时光更公平，更明辨是非的自然法宝吗？在时光面前，所有的事物最终都会呈现出真实的本来面目，它会让真的、善良的、美好的更醇厚、纯粹、温润；让投机取巧的、刻薄的、虚与委蛇的原形毕露、丑陋不堪、无处藏身。它不多谁一分，也不少谁一秒；无论你贫贱富贵，还是老少赢弱，或是身强体壮，它对每个人都一视同仁，不偏不倚，更不可能有厚此薄彼、恃强凌弱的不公正。

你愿意把时间花在什么地方，时间便会在这些方面带给你引以为傲的回报。当然，这样的时间花费，只局限于正义，只适用于正能量的自我成长和完善。如果你想堕落，花费的时间越多，你便会在黑暗的泥潭里陷得更深一点。以至于到了后来，只能是力不从心地无法自拔了，最终的结局，只会堕入无尽的黑暗。

一个家若时常干净整洁，肯定离不开主人的挥汗如雨、忙忙碌碌的悉心操持。一个女人如果年过三十岁，还能够越来越美，越来越有味道，那就更了不起了。她不只要保养皮肤，管理身材，修炼气韵，增长见识，还要多阅读、多思考，并能随时自我反省和进步。否则只能在时光的流逝里，变成昨日黄花，被冠以人老珠黄的哀悼。

斗转星移，沧海桑田，这世间的万事万物，都会在时光的流走里，不知不觉地发生变化。时光会把昔日叛逆不羁、裘马轻狂的少年，变成温润如玉、儒雅睿智的翩翩公子；时光也会把原本青涩稚嫩、青葱绿叶的少女，变成成熟稳重、优雅大气的中年美妇。读书多的人，自然就会学富五车；经历过众多世事打磨的人，总能呈现出不同于旁人的洞察力和见解。

玉石在千百万年前，不过是高温熔化岩浆之后的冷却物；琥珀在四到六千万年前，只是针叶树木所分泌出来的树脂；而珍珠，却是河蚌日积月累疼痛后的分泌物；还有很多珠宝古玩，统统都需要时光的淬炼。而我们人类相对于自然界的万物来说，自然要渺小许多。就算长寿者，最多也不过百年，但人却又是自然万物的主宰，因为人具有创造性和主观能动性，正是由于人类的不断创新和努力，我们的生活才会日新月异。

俗话说："三十六行，行行出状元。"无论从事何种职业，起点如何，只要愿意沿着时间的轨道一直向远方前行，总能取得成就。唯一不同的是，努力的程度不同，天分不同，取得成就大小也就不尽相同罢了。

那日，去一个书画活动现场参观，我到的时候，正是画家们现场创作环节。

先进行现场创作表演的是一位书画界颇有名气的老者，他神情自如，成竹于胸地画了一幅水墨竹。只见那竹清秀隽逸、摇曳多姿、叶影婆娑且又骨质清奇。大家禁不住齐声鼓掌喝彩。

接下来又有几位小有名气的老师展示，虽然都不如第一位老师的好，却各有特点，同样赢得了大家的赞誉。等大家展示结束，走过来一位青涩懵懂的少年，怯怯地问大家："我可不可以画一幅，请各位老师指点一下？"

众人的目光齐刷刷地投向了少年，半晌之后，没有一个人认识。

有人问："你是书画爱好者吧？"

那少年紧张地点点头。

一时间场面陷入安静，大家都觉得这少年有点太张扬了，毕竟今天进行现场创作表演的都是学有所成的老师。

第一个画画的老师眯着眼看了他一会儿说："想画就画吧！"

谁也没把这样一个少年放在心上。

在大家看来，画画和书法一样，是最考验功底的。像他这样年纪轻轻的少年郎，顶多不过是学过一些皮毛罢了，又能有多高的水平？

少年得到老师的同意后，也不管别人目光里的探询意味了，他轻轻舒了一口气静了心，用笔蘸了水墨，在宣纸的背面轻轻地画了两道，看了看水的印染效果后，便开始认真地画了起来。

只见他的笔来回辗转在水、墨之间，蹭、染、勾、点、抹交替使用，不过是十来分钟的时间，好像只是寥寥数笔之间，一幅栩栩如生的荷塘月色图便跃然纸上了。

只见那幅画构图优美，虚实相间，浓淡得宜，且光影绰绰，大家也纷纷鼓起了掌。有人情不自禁地赞誉着："别看这小伙子年纪轻轻的，功力不浅呀！"

老者问小伙子："你还在上大学吧？学画应该有十来年了吧？"

小伙子小声回答："是，从四岁学画，至今十五年了。"

大家开始对少年刮目相看，很多人由衷地对少年竖起了大拇指。

老者语重心长地说："对于一个画者来说，你的笔墨之间，都藏着你下的功夫和你所花费的时间。达·芬奇之所以能画出《蒙娜丽莎》《最后的晚餐》那样的世界名画，离不开他日复一日、年复一年地用不同视角、不同光线练习画鸡蛋。正是那些日积月累的鸡蛋为他的画作打下了扎实的基础，从而使他找到了绘画的密码，最终成就了他的艺术巅峰。"

老者最后总结道："对于绘画来说，要想成功，没有捷径。除了一个人的天分之外，所拼的也就是用功和耐得住寂寞，艺术需要在时光中淬火。你所有的努力，最终也都将在时光中呈现，我们所有的努力，是不会被时光辜负的。"

走过了人生的几度风雨后，我的世界更加澄清透明。尽管有时也会遭遇黑暗，也会看不到星光和希望，也曾有过松弛倦怠的时候，但脑海里总能闪现出那天书画活动上的场景，一时是那位语重心长的老者，一时又是颇具才华的青葱少年……

他们仿佛在鼓励着我：相信自己，坚持下去，只要一直往前走，你所有的努力都不会白费，这世间唯有时光不会辜负。

活出自己的心灵地貌

　　在五味杂陈的红尘烟火里，年轻的时候，没有多少人能够真正活得澄澈透明。很多人的青春，在大部分的时间里，不过是讨论着别人的笑话，然后自己再过着笑话里的生活。只有到了中年以后，经历了众多的浮世沧桑，原本张狂稚嫩的性格，才会逐步收敛，从而开始有了自己的心灵地貌。

　　婆娑世界，变幻万千；一叶一世界，一花一菩提；一物一天地，一人一性情。

　　在这精彩纷呈的世间，所有事物都是独立的个体，都有其独特的风貌。巍峨险峻、灵秀俊逸、此起彼伏、延绵不绝是山之貌；湍急汹涌、平缓潺潺、波澜不惊，是水之貌。面对这奥妙无穷的大自然，无论高山还是流水，都有让人心生敬仰的特殊气韵和风貌。

　　巍峨高山总是让人仰视，它展现给我们的是崇高而激荡的情怀。每当站在山脚，抬头仰望着高耸入云的山峰时，你会生出一种天地独大，山峰最高，而唯我渺小如浮尘的感叹。

　　在面对变幻无形、无形无色、风骨硕硕的水时，感觉又是另外一种况味。水是这世间最难精准描述的事物了，你觉得水最柔软，你给它什么样的容器就能把它塑造成什么形状；可它一旦坚毅起来，滴水可穿石；一旦强大起来，洪水更胜于猛兽。你说水坚硬，它却总能柔软地遇阻则回，甚至被分割得千丝万缕之后，却依然不改奔涌向前的姿态。

　　老子说："上善若水。"

　　做人若能像水一样灵活，便是真正找到了生命的密码。水是世间最有智慧的事物了！懂得避高而趋下，迂回婉转地奔流入海；懂得刚柔相济，大度能纳百川；可滴水穿石，可洗污去杂。能成为这样的人，当为做人的最高境界了，也当是一个人最丰盈的心灵地貌了。

　　心灵地貌原本并不是一个词，但当它们组合在一起时，便有一种别致的韵味。

　　像柳宗元笔下"独钓寒江雪"的老者。大雪封山，在天寒地冻之间，他却临风静坐，那时的他与天地万物融为一体，却又显得那样的特立独行。天地大美，山川静美，而他，却独美。

　　是周敦颐《爱莲说》里中通外直、不蔓不枝、亭亭清绝、出淤泥而不染的青莲，不止有清丽雅致的外在，还有铮铮凛然的骨感，让人欢喜，并且钦佩。

　　还有宁折不弯，宁为玉碎，不为瓦全的古代大诗人屈原。

　　在他们身上，你不止能看到独树一帜的形态，骨质清奇的气韵，临危不惧的勇气和坚毅，还能感受到强大的气场。

如果你问我，最喜欢哪位影视明星，我一定会毫不犹豫地告诉你，是陈道明。

虽然并不追星，但依然会喜欢他，喜欢他身上流露出来的睿智、冷峻、深邃、刚毅；还喜欢他在鱼龙混杂、隐私曝光度极高的影视圈里，始终能不惹尘埃。这样的他，自然就有了不同凡响的气场，像一柄闪着银光的剑，既锐利冷峻又气势如虹，让人在不知不觉间便心生敬畏。

人说思想是行为的引领者，一个人所有的行为，都是他心灵地貌的体现。我所喜欢的就是他这种自我约束、自律严谨的生活态度。只有成熟之后所体现出来的凛冽风骨，才更具有持久的魅力，才更能打动人心。

还记得安妮宝贝早期的作品《莲花》里的苏内河。

原本在青葱绿叶的年纪，那个由单亲家庭里走出来的她，内向、尖锐、逼仄、敏感，像一只刺猬。在青涩的青春期，经历了一段刻骨铭心的感情，却不懂如何去爱；当两个人都被伤得千疮百孔后，她便带着自我放逐的意味独自远走西藏。

那时的西藏，交通还很闭塞，很多路程全靠徒步。

途中，她遭遇了山体塌方、生病、结伴同行者的意外身亡。看着沿途巨石滚落，当生命都变得岌岌可危时，那些朝拜者却依然不改初心而勇往直前的执着。在一次次与死神擦肩而过的恐惧里，她一日比一日坚强。最终她明白了生命的意义，开始隐姓埋名地留在雅鲁藏布大峡谷支教，开始了内心丰满的生活。

只是颇为遗憾，她被作者谋杀了，因为只有她的舍己救人，才能让她的心灵地貌呈现出更感人肺腑的力量，所以最终她在雅鲁藏布江畔涅槃了。为了救几名儿童，她葬身于雅鲁藏布江中。一时间她的事迹被世人传颂，成了世人心中一朵最为纯净的莲花。

尽管这只是一个故事，但作者需要这样的艺术感染力，读者也需要这样带有缺憾的故事。她从一个自私冷漠的问题少女，成长为一个能舍己救人的英雄，这就是她呈现给读者的心灵地貌。

还记得那年去壶口瀑布旅游，正是夏季，黄河的水量相当充沛。当我看到气势奔涌、咆哮震天的滚滚黄汤扑面而来时，突然想落泪。

只觉得瀑布黄的那么纯粹，飞泻得那么畅快淋漓，像战场上前仆后继的铁骑，排山倒海，以压倒一切的气势飞卷而来。那时内心洋溢着的不只是震撼，还有感动和难以名状的博大幽远。

那个下午，我像被钉在岸边的一根铁柱，一直傻傻地看着瀑布，不发一言。直到天色将晚，在先生的再三催促下，才恋恋不舍地离开。我们继续北上，车子在九曲十八弯的黄河沿线穿行。

当到达白银段的石林时，我对壶口瀑布的形成和气势，又多了一层理解。穿行在那些鬼斧神工、陡峭凌空的石柱石笋之间，有恍然一梦，一梦千年的错觉。

当然，黄河石林的这一梦，又岂止千年！

它是几百万年以前地壳运动，地质坍塌再加上自然风化，雨雪风霜的腐蚀后送给人类最瑰丽最神奇的礼物。

徜徉在景区内，只见峡谷蜿蜒，沟壑万千，峰林耸立，绝壁凌空，峰回路转，千姿百态。这样逼仄而直抵心灵的美，是奇绝、肃穆、苍茫、厚重、沉郁、粗犷……在那一刻，仿佛所有的词都在枯萎凋零，都无法形容出那种触心的震撼和感动。

登高远眺，只见远处沙丘延绵，星星点点的绿洲，倒像是一片片碧绿的菜畦。彼时已是落日黄昏，太阳微薄的余晖洒在黄河、羊皮筏子、沙漠、戈壁、石林、绿洲和农庄上，有一种醇厚的朴素美。那也是微凉的时光底色吧！真是美得让人窒息，也只有这厚重而拙朴的黄土地，才能撑得起这大气磅礴的天然奇观吧！

那一刻，我永远记住了黄河石林的表情。这样的地貌，也像一个久经世事打磨，却并不颓靡，反而更显生命张力的人。

尽管一次次地接受着打击、挫折、失败，甚至是嘲笑，可它依然挺立着、倔强着，不屈不挠地做那个最真实的自己。那是一种生命的强度，而这种强度，只有在那些历经磨难的人身上，方能呈现。

以前在经历众多磨难打击的时候，总希望自己的生活能够过得风调雨顺；时光走到今天，无论生活呈现出什么样光怪陆离的景象，我都会把它们当作浮生一梦的经历。如此，再也没有事情能让我纠结到辗转反侧了，常常一夜睡到天明。

一个人只有在内心深处有了自己的沟壑万千，有了自己的心灵地貌后，才能在纷乱如麻的尘世里，把生活过得温暖自持，从容静美，雅致生香。

十年磨一剑

这句诗原本是唐代大诗人贾岛在对当政者毛遂自荐时,雄心勃勃而豪情万丈的陈述。他说:"十年磨一剑,霜刃未曾试。今日把示君,谁有不平事?"

他觉得自己就是那把被打磨了十年的宝剑,尽管寒光闪闪,锋利无比,但却一直被藏匿着。而如今遇到赏识他的"君"了,他便决定拔剑出鞘,一展锋芒。这是一个男人想做一番事业的凌云壮志,是一种崇高的情怀,也是一句让我心生欢喜的诗。

只是时光流转到今天,十年磨一剑已经演变成了老师教导学生,或者是人在追求自己理想时,坚持不懈地自我雕琢、砥砺前行的代名词了。

我出生于古时秦楚的接壤地,外表看来柔弱文静,温婉娴雅,但骨子里却不仅仅有女性的娇柔,更流淌着男儿般的旷达豪迈。我喜欢的词汇,都有着坚韧、饱满、深沉、幽远的精神向度,都经历了岁月的洗礼,都在生活的打磨里淬过火,都有着与光阴绵柔相斥的韧劲。

于一个薄雾缭绕的清晨去西安高新区锦业路办事。

看着纵横交错、美丽宽阔的马路，再看着摩登的时代建筑，以及路旁那一树树黄得发疯了一样的银杏，竟然生出了一种身在他乡心似客的错觉。那一刻，我与原本异常熟悉的锦业路，竟然相逢不相识了。

还记得十年前，曾在这里上班。那时我还是绿叶满枝的青葱少年，这里还只是一片荒凉萧瑟的景象。不止写字楼极少，交通也极其不便，每次下班要走一站路，才能坐上回家的公交车。

无数个披星戴月的夜晚，当我从写字间出来时，路上已几乎没了行人，陪伴我的除了偶尔驶过的车辆，便是昏黄而暗淡的路灯。至今那清晰响亮、"哒哒"敲打路面的高跟鞋声，还在我脑海里回转盘旋……

车少人稀，路灯昏暗，每次都是急走。以致多年后的梦里场景，都还是自己裹着长大衣，踩着高跟鞋，在冷风里急走的情景。

如今只是十年的阔别，眼前的一切，当用沧海桑田来形容了。

听朋友说如今的锦业路，已是高新区一块最为耀眼的招牌了。特别是华灯初上的夜晚，所有的路灯和写字楼外墙的霓虹灯全开时，好一派灯火辉煌、璀璨耀眼的景象，照得马路如同白昼。这样闪耀的高新区，完全可以媲美上海的夜色。这里的高楼，已建到 350 米，还有已经动工的高达 550 米的建筑……

在一个夜雨纷飞的晚上，朋友路过时给我发来许多照片。只见灯火通明，霓虹闪耀，五颜六色的灯光，把那片夜色装点得像一个盛大、繁华而又璀璨的梦。再回想起十年前的那里，我不禁感慨万千。

很多时候，我们的日子看似不过是日升日落地周而复始，不过是从清晨走到黄昏。日子一天天溜走，然而更多的时候，却真是十年一觉在梦中，醒时日影已西斜。人说光阴不等人，看似漫长的人生，其实最经不起挥霍了。也许在你看来，只是打了一个盹，或者仅仅是一个凝神回眸的瞬间，可日子却没有停歇，它们总是"飕飕"地飞逝而过。一晃一天没了，一晃一月到了尾声，再晃一晃，又该年终总结了……

朱自清说："时光总是太匆匆。"

也许只是你轻轻叹息的间隙，日影又拉长了一大截。时光如白驹过隙，如果十年的光阴都拿来浪费，那也只能是微不足道的弹指一挥间，那将是世界上最昂贵的奢侈品。人这一生，没有谁能准确无误地告诉你，你该怎么活，可如果想要过上自己喜欢的生活，所有的时光，绝对不要拿来浪费。

即使盛名如贾平凹先生，他也一样对时光的流逝感到惋惜。他说："到了五十岁以后，你就会明白，人这一生，真的做不了几件事情……"可是贾先生却数十年如一日，努力地成为让世人都尊敬的贾先生。据熟悉的人讲，他少交际，不应酬，多数的时间，都在与墨香书卷为伴……

管子说："十年树木，百年树人。"

曾看到法国著名批判主义作家莫泊桑学写作的经历。

莫泊桑决定写作后，便拜福楼拜为师，并定期将自己的作品寄给老师批阅。

可每次莫泊桑收到老师寄来的信，都是自己的原稿，并无一字点评。

这让莫泊桑感到既沮丧又好奇，便找了机会前去拜访。

进门后，他一眼便看到老师书桌上堆积如山的文稿，当然也包括自己前几天才寄的。为了解开谜团，他便开始翻阅那些稿件，当看到老师的新作竟然是写一行空十行时，他十分不解地问老师："为何这样浪费？"

福楼拜却笑着说："这是我的习惯，写一行文字，留九行的地方用来修改。"

莫泊桑继续问道："那我每次寄您的作品，您是不是都没看过？"

福楼拜看他对写作执着，便语重心长地说："不是要打击你，你寄来的作品，我真的都没看过。不是没时间看，而是没必要看。若真想写作，从现在开始天天努力去写，十年之后，你的作品我一定认真阅读，并给出相应的修改意见。"

那一次拜访，对莫泊桑的触动很大。

他不止深深敬佩老师一丝不苟的写作态度，更明白自己的幼稚和不成熟。此后十年里，莫泊桑每天都在认真写作，并且定期寄给老师，稿件依然是原封不动地退还，依然没有获得老师的任何评语。

十年后的一天，莫泊桑一如平常地寄去了自己的新短篇小说《羊脂球》，却意外地收到了老师的回复，他说："把这篇拿去投稿，应该能够发表。"

于是莫泊桑满心欢喜地投出了《羊脂球》，结果立刻获得了巨大的成功，从此一举成名。而后成为享誉世界的"短篇小说之王"。

也认识一位友人，原本过着放荡不羁、天马行空的日子，谁都以为他这一生就这样碌碌无为地荒废了。只是有一天，他却如梦初醒般一幡然醒悟过来，立志要好好干一番事业。

他在自己的微博上致自己："十年，只要十年，我一定能为自己撑起一片绿荫，一定会迎来属于自己的繁花似锦。"

很多了解他过去的人，都当一个笑话来看。

只是此后，他便真的脱胎换骨了，每日不知疲倦地奔波在实现自己理想的路上。

起初由于业务不熟，被人嘲笑、谩骂、欺骗，甚至是恶意的攻击，他都把它们当成垫脚石，他用隐忍而坚毅的人格，让那些负面情绪都变成丰盈自己的养料。一路走到今天，才八年的时间，他已经被大家尊称为先生了。

一次，在几百人的大礼堂里听他演讲，场面十分热烈，中途数次掌声雷动。活动结束时，他站在门口与来宾一一握手告别，我看到了他眼神中的坚毅和深邃。

每一粒种子，都有自己的梦想，即使被埋在漆黑的土地里，它们也会努力地挣扎着，积极地迎接着破土而出的那一天。生命初始，万物都是孱弱而幼小的；新剑初铸时，也只是一块并没开刃的铁；就算是珍珠，也需要时间去积淀。这世间所有的美丽和璀璨，都有不为人知的艰辛和曾经。

要想成为一柄锋利无比的宝剑，就要十年如一日，坚持不懈地去铸造。十年不动摇，永不放弃地追随一个目标。只有数十年如一日，马不停蹄地雕琢打磨自己，到了最后你所想要的，时光才会一一偿还。

有自己的坚守

我永远记得那个春天，和友去北京开会，彼时虽然已是人间四月天，可北京的春意还过于清浅，不止很多花儿都含苞待放着，就连空气都还是一片隐隐的春寒。

从首都机场出发，一直到北京的城墙根下，举目四顾时很多植物还未睡醒，还在羞涩而蒙眬地卷曲着。像突然被惊了美梦而娇憨呓语的孩子，全然还是一副缩头缩脑的慵懒状态。也似恋爱时，那些无声在心头攀爬的虫子，莫名其妙便让人生出恹恹的惆怅和无尽的怜惜。

那时唯一能昭示着我们已经进入春天领地的，也只有马路边的杨树了。只见那高耸入云的树冠上，早已是丛丛簇簇的嫩绿新叶，那绿刚刚褪去朱红的外衣，还处在遥看成碧、近看素淡的朦胧之中。

这样的杨树就是一位明眸皓齿、清新怡人、倚门嗅青梅的小家碧玉。羞于见客，知有客来却又忍不住欣欣然的跃跃欲试，早早换上了素雅清浅的嫩绿新装，躲在屏风后面小心翼翼地窥探。那顾盼生辉的双眸里，既流转着对红尘世事的好奇，也有着满脸的羞怯和紧张。

在杨树的对比下，北京春天里的其他景致，倒愈发地显得高冷矜持起来了。它们俨然就是端庄淑仪的大家闺秀。明明心中藏着无限意，可对于春风的风情撩拨，它一样紧绷着面庞，不理不睬，不卑不亢；一样依着自己的节奏，自己的步伐款款而行；就算姗姗来迟了，它也依然是一副波澜不惊、不急不躁、不紧不慢的温婉表情。

好像在说："我就迟了，我就是我，你爱看不看！"这样的霸气外漏，恐怕也只有北京的春天了吧？那是时光的沉淀，是皇家风范的滋养，还是几千年历史厚重的赋予？

我喜欢这样略带羞涩，却又饱含底蕴的春天，那种无端的大气总是特别容易让人感动。那缓缓流淌的新生命的张力，只有在厚重背景的映衬下，才更能突显出鲜活的喜悦，懵懂的想象，茁壮成长的生机勃勃……

还记得几天前去西湖时，春光已明媚到泛滥，俨然已是绿肥红瘦，飞花似梦的暮春了。漫步在西湖边上，片片樱花似雪，朵朵桃红如雨，绿杨荫里白沙堤，小荷已露尖尖角。在那样盛大而跋扈的春天面前，我的内心反而一片荒凉，衍生出许多渺小而痛楚的卑微来。

那晚我们住在王府井附近的北京饭店。第二天晨起时，风有点大，耳畔的头发在迎面掠过的风里妖娆地跳着舞。我们并肩站在饭店门口，等来接我们去会议中心的车。彼时太阳刚刚爬上天边，空气并不是很清新，周围一派散淡的薄凉，所有的一切都被笼罩在一片昏黄而静谧的光晕之间，让人觉得恍惚。

我们在门口站了一会，让人异常惊诧的是原本车水马龙、人流如织、繁华喧嚣的王府井大街，此刻却并无任何车辆行人，完全处于一种鸦雀无声的状态。

这样突如其来的安静，让人很不适应。像阳光投射在铜器上，折射出来的刺目光晕，也像在林间盈盈舞动的光柱，有恍如隔世的蒙眬，也有惶恐不安的诡异。我们眺望着门前的马路，谁也没有开口说话。所有的一切都处在静止不动的安然里，时间好像凝固了一般。

过了片刻之后，马路上如开闸泄洪一样，突然涌现出大批的人群，像潮水一般席卷着呼啸而过，原本寂静无声的马路，顿时成了热烈而沸腾的油锅。

原来有马拉松比赛，我们异口同声地说。

而后我们的视线和心情，便一直被那万马奔腾的人流占据着。约莫过了十来分钟，气势汹涌的大队人群从旁而过，人流也逐渐变得稀疏起来。不多时，只余下三三两两，稀稀拉拉的落伍者。按常理来说，在一场比赛里落到了后面，该是一件多么令人沮丧的事情。然而那些人却并不着急，依然依着自己的节奏，不紧不慢，有说有笑地进行着剩下的赛程。

有的抱着孩子，有人推着婴儿车，也有的人穿着造型奇特的动漫衣物。令人大开眼界的是，还有人竟然扮成了猪八戒和孙悟空。看着他们其乐融融的样子，我和友不由得对视一笑。

突然，一个特殊的参赛者撞入了我们的视线。那是一个一脸坚毅、戴着湖蓝色棒球帽、穿着嫩绿色运动衫的中年男子。只见他一边快速转动着自己身下轮椅的轮子，一边目光坚定地看向远方。

而在他的身后，还有一男一女戴着耳机的年轻参赛者，在帮他推轮椅……

我拉了拉友的衣袖，刹那间眼睛就湿了，那真是一个汹涌澎湃的清晨！

只觉得心底有很多金光在闪，好似波光粼粼的湖面，也像澳门最大的人造粉钻展示时的璀璨。原本灰暗阴沉的天空，也因了这场赛事，顷刻变得水光潋滟起来了。

转回头时，友闪着亮晶晶的眼睛，颇有感触地对我说："人活着，一定要有自己的信仰和坚守。不管是事业、爱情还是爱好，即使只单纯地崇拜一个人，你的生活也会因了内心的那份信念，而变得花团锦簇，天地清朗起来。"

我抬起头透过杨树的枝叶仰望天空，那叶倒愈发地明媚清晰起来。这样清新宁静的美，就是一幅永远定格在我心头的画。天空是远景，也是背景，而那些柔弱、娇怯的新叶便是主角，也是那些看似微不足道，却总是无比坚韧，懂得为自己坚守的人吧！

也许起初我们在做一件事情时，大家都会奔着结果而去，但走着走着，你会发现输赢并不重要，重要的是参与的过程，坚守的过程。

于生活而言，目的只是结果。更多的时候，行走在荆棘丛生的路上，一份坚持到底的勇气和毅力，远比最终的结果更值得我们回味。有信仰的和坚守的人，永远都不会老。也许躯体会衰弱，可因为骨子里有了坚如磐石的信念，无论走多远，脚下的路有多艰难，都不会生出兵慌马乱的迷茫来。

想到此处，我对友说："有时候看着别人的精彩，也是一份感动。"友笑意盎然地对我点了点头。风轻轻地掠过他的发际，我看到几根泛着银光的发丝，在风中优雅而欢快地飞舞着。友也是一个让我心生敬佩的人。

父母早逝，从小孤苦无依，屡次创业失败，妻离子散，最艰难的时候，甚至连饭都吃不上……

曾经，他也颓废沉迷过，但却从未绝望过。在一次次的努力挣扎中，他终于站了起来，开始有了坚定不移的目标。

因为坚信、努力、拼搏，经过十年如一日的披星戴月，如今的他，不止迎来了事业上的丰收，邂逅了心仪的姑娘，别人见了，总尊称他一声先生……

直到现在，每每想起那天的场景，我的脑海里还是金灿灿的一片。那一幕，就是悬挂在我心头最静谧、亮丽、生动、饱满而丰盈的一幅油画，永远也不会褪色，也像在瑟瑟寒风里独自舞蹈的芦苇……

在错综复杂、变幻莫测的生活面前，有人一开始就知道自己要走的路，然而大多数人却没那么幸运，往往会走很长一段弯路。只有经历了千回百转、万水千山之后，才会真的懂得自己要什么，才会生出使命感。然后坚定不移，马不停蹄。这样的人生，才多了一份金子般的光芒，多了沉甸甸的厚重感。

我也见识过另外一种坚守，那是一种对生的渴望。

一个关系要好的女友得了癌症，整天辗转于各大医院之间，可她却从未抱怨过。每次见面时，她总是踩着高跟鞋，穿着大红大绿的衣服，开怀而灿烂地笑着。化疗后头发掉光了，她戴上了漂亮的贝雷帽；脸色极差时，她会化妆，涂口红……

没人想到，她会是一个不知明天在哪里的病人。

每次看到她为了活下去，那样的勇敢坚强，我的内心便波涛翻涌着。很多时候，生命脆弱得如同琉璃，在生活面前，我们都需要一些不问来路、不问归途的痴傻。在你一无所有时，唯有永不放弃的信念，才是濒临死亡时能抓住的最后一根稻草，只有自己不放弃，才会有希望。

这世间的很多坚守，都有着硕硕的风骨，也像坚硬的脊梁，总能撑起生命的高度，让人情不自禁地心生温暖和敬意。

考古学家樊锦诗，原本只是一个青春靓丽、瘦弱婀娜的江南女子，却为了守护我国敦煌的瑰宝，为了心中的那份痴爱，只身远走大漠。这一去就是四十余年，朝来青丝暮如雪。尽管在风沙岁月的磨砺下，红颜斑驳朱颜改，可她却从没有后悔过。如今已经七十多岁高龄的她，只为了一个信念，硬生生地把他乡变成了故乡。

她的故事，感动了无数人，也鼓舞了无数人。

这世间唯有信仰才是支柱，它是我们抵抗尘世喧嚣的一点亮光。那些历经磨难，却依然能把日子过得春暖花开的人，一定是内心拥有某种坚定信念的人。有一句话说："信则有，不信则无。"而信，就是点燃希望的那一点火花。也许信着信着，在潜移默化的努力中，一切就变得皆有可能。

感谢北京之行，在那样一个生动而感人的早晨，那样一场让人刻骨铭心的马拉松比赛，那些可爱可敬的人们，应该是很多人生命里，最动人的风景了吧。

　　人这一生，总得坚守点什么吧！也许是爱情，也许是事业，或者仅仅是对生的渴望……但无论是哪一种坚守，都是夜色里的星子，都会闪着动人的光芒。只有有了信仰，你的世界才不会兵荒马乱，你才不会活得烽烟四起……

　　无论时光过去多久，我永远记得，在北京微寒的晨风中，有一个人对我说过这些话。

不让空梦误流年

　　尘缘一误终身误。古往今来，多少才情卓越的如花美眷，往往只因一场无法圆满的风月往事，在千回百转的因缘际会里，落得凄凄惨惨的景象，更甚者还会在空寂的流年里，误了自己的一生。

　　天下自古有情痴，而自古痴情却多遗恨。女子的细腻纤柔，不仅表现在婀娜纤弱的体态上，更体现在细腻敏感的心性上。大多数女子，很容易把爱情当成生活的全部来经营，也因此在失望的时候，才更容易陷入爱情的沼泽而无法自拔。

　　男人与女人不同，多数男人一旦得到一份稳定的感情之后，他们所想的是怎么扩充自己的事业，不会再整日沉浸于缱绻缠绵的儿女情长里。而多数女人一旦沉浸在一段美好的感情里，她们所期望的不过是落落与君好，日日不相离。

　　因心中的寄托不同，所以在情爱上，女子多数都是感性的，古有杜十娘怒沉百宝箱、李香君血溅桃花扇……千回百转，触目惊心，其实就为了那一个虚无缥缈的情字，甚至不惜以生命为代价，也要表达出自己对待情事的决绝和悲壮。

　　而现今也有不少女子，一旦陷入一段无果的感情时，往往会有极端的方式，比如自残，甚至结束生命。新闻里经常会出现某某路，某女子为情所困，欲意跳楼。每次看到那样的消息，总替那些女子感到悲哀。

　　每天看着花开花落，云卷云舒，该是一件多么美好的事情。世间万物都在变，只要活着，就有欣欣向荣的生机，就能看到希望和阳光。活着多好。一个人连死都不怕了，还有什么可怕的？连自己都不爱的人，又怎能懂得更好地去爱他人呢？

　　与其说这些女子是为情所困，倒不如说是自己格局太小，生命的价值体系不够健全，不懂得如何去爱。爱情没有了还可以再有，而人的生命。只有一次。

　　如果一段感情已经落幕，当曾经热烈璀璨的情爱都已随风而逝时，所有对往昔、对空梦流年的眷恋，都是毫无意义的自伤。痴情固然是优良的品质，但若以生命作为代价，并不是一件值得讴歌和称赞的事情，更不值得世人效仿和学习。

　　初始，每个人都会奔着美好的目的而去，只是世事无常，感情世界的聚散离合，更不能为我们所控制。这世间最美的感情，当是在相爱时拼尽全力，不留遗憾；分开时不去诋毁和伤害，努力地活出更漂亮、更潇洒的自己。

　　如此方算得认真爱了一场，更不会辜负了曾经的那些良辰美景，那些一往情深。

　　张爱玲为胡兰成低到了尘埃里，只是一样也没能开出自己所期许的、鲜艳明媚的花来。那样的女子若放到今天，也一样是尽得风流的人物，难道是她不够好吗？

　　每每想到张爱玲时，便喟叹她的一生，真是惋惜至极。

　　明明是繁花似锦的女子，明明是璀璨耀眼的上海明珠，最终却落得花期一误终身误，在远走他乡的颠沛流离里，苍凉得像一匹老绸缎。那样一个才华横溢的女子，如若能够遇到良人，能够被一份美满幸福的爱情滋养，一定能迸发出更多的创作激情和能量吧？倘若如此，她的人生又当是另外一番景象吧？

　　所以，爱与不爱，从来不取决于你有多好，你有多优秀。当然，一个本身就很优秀的人，会有更多的人来爱，这是不争的事实。美的事物，谁都欣赏；有才华的人，谁都羡慕。

　　早在一千多年前，苏轼就曾透彻地告诉过我们："月有阴晴圆缺，人有悲欢离合。"既然此事自古难两全，又何必非要执着于主观期待的圆满呢？圆满只属于生活里的一种状态，但绝对不是常态，大多的时候，我们都处在不圆满的境地。世间事，天下人，能够真正圆满的，似乎也并不多。这样的道理似乎人人都懂，但实施起来，却只能靠自己的自控能力。

　　有朋友跟我聊天时说："人性都是复杂多变的，总有一念之差，便会做出让人特别后悔的事情，可事情又真真切切发生了，再悔恨又能如何？"

　　特别是那些深陷爱情沼泽的女子，总会飞蛾扑火般地为了心中那个繁华而生香的美梦，不计后果，不问来路，失去应有的理智和判断。而最后的结果，也往往是红颜变白发。在她们看来，一生中最值得珍藏的珠宝，到了最后不过是凝噎在心底苦涩成殇的露珠。

晶莹剔透既是她们自己的奢望，也是她们一生的眼泪。一旦梦想被现实里的万缕阳光刺破了，梦醒天明时，所有的一切终会消散，最终只能是寒露冷梦破，孤影自怜之。

在离我家不远的地方，就是寒窑，是那座《五典坡》（又名《王宝钏》）的戏剧里，令如花似玉的相府三小姐一见倾心，不惧男方家境清贫、两人地位身份悬殊太大而下嫁的寒窑。

王宝钏为了等待丈夫衣锦还乡，这一等就是十八年。在王宝钏的苦苦坚守里，红颜早已成了白发，自己的丈夫薛平贵却与他人喜结连理了。尽管戏剧里交代事出有因，但事实胜于雄辩。表面看来，故事的结局似乎还算圆满，可这样的圆满，是以王宝钏的委曲求全为代价的，终是她的无语凝噎。

多数人把这个故事当作喜剧看，这个故事最感人的力量，便是成功塑造了王宝钏这一忠贞深情的女子形象。然而对于一个女人而言，这真算不得喜。纵使生活在古代，也没有哪个女人喜欢与别人分享自己的丈夫。况且一蹉跎就是十八年——那水一样"哗啦啦"往前流走的大好年华——人的一生，又有多少个十八年？

特别是戏剧里的那一折，看到薛平贵衣锦还乡时，还要装着素不相识的样子，去调戏试探王宝钏，瞬间让我特别反感，一直在心里替王宝钏叫屈。

　　自己早已抱拥美人在怀，十八年的时光，他可曾想到他的结发妻子是如何过的？看到那段王宝钏痛斥薛平贵时，就觉得特别的痛快淋漓。这才是真实生活应该有的样子，这才是一个有血有肉、敢爱敢恨的女人。

　　坚守是自己的选择，原谅是深爱的象征，但面对着他的背叛，再回想着自己那么多空寂得跟冷霜一样的日影，绝对不能没有幽怨和不满。

　　如今的寒窑，已被打造成古城的爱情主题公园了。在土黄色的外墙上，清一色是大红的爱情主题雕塑：有白蛇传、梁祝等，当然重中之重，自然是王宝钏和薛平贵的故事。只是每次看着那刺啦啦的红，就会无端地生出触目惊心的痛和惋惜来。

　　过日子毕竟不是计年单位，所有的日子，都得一天天往前走，我不知道那些看似柔弱的女子，是如何踩着那锥心的思念和疼痛，在无数个茫然失措的流年里，最终把自己的爱情谱写成了以自己姓名命名的挽歌。

　　另外一个让我既特别心疼又敬佩的女子，便是张幼仪。

　　她家世显赫，却独对徐志摩一见倾心。据说出嫁时从欧洲采办的红木、乌木嫁妆家具大到火车拉不走，便雇来轮船拉。那场豪华而瞩目的婚礼，更是多少女人心中的梦寐。她满以为结了婚后，便会一生一世一双人。婚后，她对徐志摩体贴入微，百般照顾，可最终的结果是徐志摩不止不正眼瞧她，还在她怀孕期间，非常决绝地要跟她离婚。

　　而离婚之后的张幼仪，才是真正的张幼仪。

　　她替他照顾徐家老小，即使徐志摩和陆小曼结了婚，她看到他们生活窘迫，一样还是伸出了援助之手，并且为了不伤及徐志摩的颜面，而假以徐父的名义。徐志摩去世了，陆小曼拒绝认领他的尸骨，张幼仪去替他收尸，直到六十多岁，她才在儿子的允许下再婚。

唯一庆幸的是，张幼仪还算清醒，并没有在那样一分深情的沉溺里一蹶不振。

正是因为那些不能圆满的经历，那些冷酷而残忍的伤害，让她迅速地成长了起来。她不止学会了德语，出任银行行长，还创办了风靡一时的时装品牌云裳。即使在几十年后的时光里再去看她，她所创办的云裳在今天的时装界，依然独树一帜。

该有多深情，才能做到如此？她的一生，又细数过多少空寂如水的日子？

尽管常有人说，人生不过一场梦。但是有些梦，却只适合安放在梦里，面对生活，我们真的需要留一半清醒，留一半醉。沉醉是一份情怀上的坚持和执着，而清醒是对自己的保护和鞭策。

任何时候，你都要坚信：我们都是拥有独特气质的生命，万不能总沉醉在别人的希望里，去为别人的生活添加佐料，而误了自己的一生。

一念一生

一念一生，掷地有声的四个字，要想做到，却犹如古时攀登蜀道，难于上青天。

在烟火缭乱的尘世，且不说外力的侵扰，单只是自己那包罗万象、千回百转、意象万千的心，能不能坚韧不拔地固守一念，都是模棱两可的未知数。

然而这世间总有那么一些人，他们的存在，仿佛就是为了印证攀援蜀道白云间、可上青天揽明月的奇迹。

八月底，一个雨后初霁的午后，空气里有微微的凉意，不过却清新明净。风里有沁人心脾的桂花幽香，这样温润的时光，更适合喝茶。于是泡了极喜欢的安吉白茶，随手拿起当天的报纸，还未来得及打开，便看到冬林的专访。目测了一下，差不多占了首页三分之二的版面，瞬间很多感慨"哗啦啦"便飞向了我。

准确地说，在此之前我并没见过冬林本人，照片也见得极少，社交软件上的交流基本是因为茶。

与刘冬林相识，还得从"金牛早"说起。"金牛早"有绿茶和红茶之分，是冬林研发的一款恢复性名茶。虽早有其名，但一度失传，冬林历经千辛万苦，才得以恢复并创新，这是我后来才知晓的事情。

看完冬林的报道，思绪无声地往前蔓延……

那是十年前的一个下午，我听着《睡莲》古筝曲，一个人在店里静静地品着茶。彼时玻璃橱窗外的阳光细碎，风里有淡淡的桂花香，我抬头看了一眼，有轻飘飘的桂花，像细碎的梦一样，一层层往下落。

这时，好友叶子花枝招展地进来。已有些时日未见，我笑着招呼她落座，准备按惯例为她斟茶。

她却微笑着摆摆手，说："今天不喝你的茶，来尝尝我的怎么样？"

说完，利落地从包里掏出一小包茶叶。

我瞥了一眼，翠绿色的五克包装袋，上面印了金牛早绿茶的黑色小字。叶子也是一个极其爱茶的女子，源于相同的爱好，我们可供交流的话题自然很多，来往之间便熟了。基于对她品味的了解，她带来的茶，我还是满怀期待的。

本着一个茶人的专业性，打开外包装，便将干茶倒在茶盘里鉴赏。

只见"金牛早"干茶外形细紧，卷曲显毫，色泽绿润。迅速对它的工艺做出判断，准确地说，"金牛早"属于半烘半炒型绿茶。而我一向对炒青型的绿茶情有独钟，便取了八角玻璃杯，持着不期待的心态置茶、醒茶。

不成想，泡好后竟然出乎我的意料和判断。"金牛早"不仅汤色黄绿明亮，叶底嫩绿成朵，滋味更是爽醇无比，且浓浓的栗香持久不散，顷刻间便有了欢喜之意。

　　叶子见我喜欢，便给了我冬林的联系方式，从而我知道了"汉水之春"。

　　汉水之春，是冬林自己茶业公司的名称，这真是一个颇具风雅，且又让人想象蔓延的好名字。汉江三个源头均在秦岭南麓、陕西宁强县境内，沿途风光秀丽，水质纯净澄澈。每到春天，万物复苏，沿途花红柳绿，碧波荡漾，这样的汉江自然美到令人心旷神怡！汉水之春，又该有多少妙曼而旖旎的想象？想必冬林也应该是一个风雅之人吧？

　　添加了他的 qq，看到这样的签名："秦巴育菁华，汉水之春茶！茶品亦人品，茶道亦人道。"当时只道是平常，那不过是一个茶人，亦商人的自我包装和宣传，倒未必真有这样的心境与情怀。

　　后来，经常看到他发在自己空间的原创文字，既有感性的浪漫，也有理性哲思的醇厚，但我们并不聊天。直到有一天，偶然看到他对汉水之春的释义，才开始刮目相看。

　　他说："汉中位于陕西南部，北依巍峨的秦岭，南枕苍茫的巴山，中部是美丽富饶的汉中盆地，汉水自西向东穿境而过，滋养了这片'西北小江南'。汉中奠定了汉朝四百年的基业，使拥有'天汉'之美誉的汉中成为汉文化的发祥地，也是中华智星诸葛亮的英雄用武之地。著名学者余秋雨，到了汉中曾言'汉中是汉人的老家，到汉中就相当于回到了老家'。

　　"春天，汉江两岸百里金黄，蜂飞蝶舞，风景如画。走进山川，扑面而来的是满目苍翠，林海茫茫，峭峰幽谷密布。在这片醉人的绿色丛中，孕育了很多品质高洁的物产。特别是'宁强雀舌'和'定军茗眉'两枝茶叶。

选用汉江源水流域海拔 800 米以上的无污染茶园，选料考究，做工精湛。曾于 1995 年双双入选'中南海'作为国家机关的招待用茶，多次在国际国内获得多项殊荣，可谓茶中菁华、经典。

"'天下熙熙，皆为利来；天下攘攘，皆为利往'。停下匆忙的脚步，沏一杯汉水之春茶，品味一段情，回想一次刻骨铭心的经历，让那浮躁的杂念慢慢沉淀，这或许是一种真正的放松……"

这样浓厚的文化底蕴，这样诗情画意的文字，只有理性与感性完美结合，方能抵达。而后对冬林关注愈发多了，我才发现他并不是一个只顾喊口号的人。他总是充满活力而智慧地身体力行着，用个人高度自觉的责任感，大力去推广并发展茶文化。

我曾在一篇文章里写道："有些心绪，非静笃不能抵达，比如说一个人内心的浩瀚与广袤。无论看过红尘，多少污浊，无论看破人性多少寒凉，愿我们都能成为照亮自己的太阳，成为窗外的明月光！"

而冬林，一定是那个自带光芒的人，他就是照亮自己的太阳。一次次看到他参加产销会，一次次看他获奖，一次次看他迈向新的台阶和高度……

一晃十年过去了，他的茶业公司愈发地壮大了。不止创出了"金牛早"品牌，还自主研制出"老陕青砖"系列紧压茶，拥有自有的知识产权和国家专利。"老陕青砖"系列紧压茶，不仅挖掘了传统"陕青茶"悠久的历史和深厚的底蕴，传承了"陕青茶"的工艺和品质，还开创了用绿茶做砖瓦茶的中国先河。

"老陕青砖"系列紧压茶是陕西茶产业发展创新之举，为陕西茶产业发展注入了新活力，对实现陕茶历史复兴、持续、跨越式发展有着开创性的意义，并为系统研究和创新中国紧压茶开辟了新的天地。

这不仅是陕西的骄傲，更是冬林的骄傲。"老陕青砖"紧压茶，将历史积淀与陕茶现实有机地契合，以秦砖汉瓦、丝绸之路厚重的历史情感，让人们梦回大唐盛世。冬林真正做到了以陕茶复兴为目标，做到了他签名里的标语。

人的一生，言行一致，最是难得。

喝着这厚重、甘醇、香高、悠然似的琼浆，不仅使人联想到巴蜀要地、汉水之滨，自古就是文山书海，养人育才之胜地。刘皇叔拜相留将，曹影褒河"滚雪"，释杯浮影；茶圣鸿渐翻山越岭，草起嘉木《茶经》；梁州、金州，平利、紫阳，茶马贡道熙熙攘攘。今人之口福，故事之传说，作了首拙诗赠予冬林先生纪念。

巴天蜀地古梁州，崔舌仙茗万户侯。

已作玉兰登门客，欲邀黄杏聊乡愁。

冬林智过刘皇叔，雷雨点多曹相牛。

再借东风扫大地，将军马上去春游。

人说一事精致，便足以动人。然而世间万物，本身就没有与生俱来的精致，很多精致的事物，都需要经过时光的打磨，需要外物的雕琢和磨砺。虽然冬林现在还不足五十，却在茶行业摸爬滚打了三十余年，这该是一种怎样的情怀！

在后来的采访中得知，冬林走上茶业之路，是必然也是偶然。

他于八十年代毕业于安康农校茶叶专业，而后被分配到机关负责文职工作，后来外出调研时，偶然见到了茶，顷刻就入了心。从此突发奇想，立志要研制自己家乡的茶叶品牌，为家乡的茶行业作出贡献。

后来在多方奔走下，他终于破釜沉舟地搭建起了县级茶叶发展总公司。眼看着春光灿烂，一切似乎都水到渠成，他也期待着能够大展宏图。可天有不测风云，时局瞬息万变。由于他与新上任的领导意见相左，工作受到严重质疑，年轻气盛的他负气出走后，本着不到黄河心不死的决绝，在咸阳成立了分公司。经过坚持不懈的努力，加之先前的经验，不过两年的时间，又是一片花团锦簇的模样。

然而等待他的，却是贪污、挪用罪名的囹圄……

四年的牢狱生活，并未磨灭他的意志，重见天日之后，他依然坚定不移地选择了继续从事茶行业。最初拥有的，不过是钟楼附近的一个十来平方米的小店，经过三年的打拼，他就注册了自己的"金牛红"品牌。

而后一发不可收拾，"小叶绿茶""老陕红砖""秦砖汉瓦""老陕白茶""老陕花茶"接踵而来，我相信以后还会有更多。

他不遗余力地创立自己的品牌，创办茶叶栽培基地，建茶厂。而他最大的心愿，就是让老百姓都喝上好茶！用他自己的话说："为茶生，亦为茶死。"在有生之年，他要一直沿着这条路走下去，努力把陕茶推向全国，甚至世界……

　　对于这样的冬林，任何语言都显得苍白。冬林就是那个三十年如一日的冬林；冬林就是那个一念一生，为茶生亦为茶死的茶痴。恍惚间，我觉得这不是那个诗情画意的冬林，他应该是一个舞文弄墨的书生。可我知道，这样的话，也只能出自那个不喊口号，只是脚踏实地、一步一个脚印、身体力行、豪气干云、披肝沥胆、呕心沥血的冬林……

　　人说十年磨一剑，他的这份痴念，又何止这些?

　　我想最贴切的描摹，只能是一念一生了。

　　如今的冬林，还在马不停蹄地奔走在自己的茶叶王国里。尽管他再也不是那个青春葱茏的少年，早已华发丛生，早已在时光的打磨下，成了一块红彤彤、冒着滋滋热气的铁。可是他的梦想，他的执念，早已随着那漫山遍野、清新润目的茶一起，葱葱郁郁了。

没人知晓，人生到底要经历多少雨打风吹去，但落红化泥更护花。

人生当中，所有沉淀下来的光阴，都是落红化泥护花的过程。

生命里美好的供养

供养一词的释义很多，其中最常用的一条是佛教用语。是指毫无回报期许，非常虔诚地供给佛祖修行的生活所需，诸如珍宝、衣食、燃灯、众香等，从而来实现众生信奉教义这样的一个心愿。

说是无所求，实则不然。在这样的供养里，往往还是寄托着人们无法圆满的私欲，寄托着人们借助神力来满足、达到、实现自己愿望的心愿。只要往那大殿的蒲团前一跪，哪一个人口中不是念念有词：求佛祖、求菩萨保佑……

不管是求平安健康、多子多福，抑或是求高官厚禄、荣华富贵，没有哪个人不是心存期望而来的。对神灵的供养，只是个人心愿的寄托而已，至于能否实现，那就不得而知了。尽管这样的供养，多少带了功利的成分，但却也好过心茫茫而无一物，只有内心有了自己的追求和信仰，我们才能朝着自己期望的样子去努力，才会在内心里洋溢着热爱生活，拥抱生活的喜气。

去过很多寺庙，越是历史悠久的古寺，越是清气氤氲，草木苍翠，越有着让人心灵宁静，摒弃世俗杂念的力量。尽管我没有宗教信仰，但每次游览那些祥和静谧、古木苍苍的庙宇时，内心还是多了一份肃穆。

每当心气浮躁时，总喜欢去周边的寺庙里转转。哪怕什么也不做，只独自一人闲坐在阳光下发呆，嗅着那清新怡人的空气，再看着掩映在苍碧草木之间的黄墙、红柱、黛瓦，心绪便莫名其妙地安静下来了。

有时候坐得乏了，机缘巧合时，也会去聆听师父的教诲，顺便再讨一杯茶喝。

与对理佛修行之人接触得多了，越来越发现一种特别的现象，大凡那些名寺古刹的高僧，不仅精通佛法禅理，喜欢琴棋书画，更重要的是学识渊博，且又极具慧根，洞悉世事。每每与他们谈及世间的万象万物，尽管他们从不说教，但却总能在他们举重若轻的言行里，获得意外的开悟。

于是原本纷乱如麻的情绪，纠结万端的事情，顷刻便能得到开解，人也就豁然开朗了。

每次穿行在那些草木深深的庙宇楼台间，总会情不自禁地思考着一个相同的问题：到底是这灵韵、清幽、寂静的自然清气供养了这些极具慧根、心性通透的高僧禅师们，还是他们内心的宁静祥和，滋养了这山川古寺，给了它们灵气？

直到一日，突然想起刘禹锡的《陋室铭》来，想起了他那句非常经典的"山不在高，有仙则名；水不在深，有龙则灵"，我才厘清了思绪。

很多名垂千古的寺院庙宇，是因为某些在此领域特别杰出的人物，才有了流转千年的底蕴和厚重。像举世闻名的大慈恩寺，就是玄奘从天竺取经归来的藏经楼，而原本因为皇妃得子而建的皇妃塔，知道的人并不多，但因为民间故事《白蛇传》改名为雷峰塔时，却被天下人知晓。其实寺庙本身，不过宗教传承的道场，而一旦被赋予了人文色彩的渲染，在时光和历史的流转中，原本就神秘莫测、肃穆庄严的教义，愈发地变得厚重起来，可见人才是这天地的本源。

还记得那次从何园出来，赶到寒山寺时已是下午五点，尽管还是落日熔金的黄昏，可景点已不再售票。在万分遗憾当中，突然看到对面有一座高高的石拱桥，灵机一动登上石桥朝寺院里张望，竟然能看到一半的景致。

那个黄昏，我便一直坐在桥上，时而看着桥下碧波荡漾的河水，时而远眺着苏州城外雕梁画壁、亭台水榭相连的如画美景，再时而遥想着那首闻名遐迩的《枫桥夜泊》，心情美得也像一幅画。

尽管那不是月落、乌啼、霜满天的清秋时节，尽管夜晚就宿在寒山寺外，不仅没体会到"江枫渔火对愁眠"的思乡之情，也没能听到夜半的钟声……表面看来，那次旅行多少有了遗憾的味道，但正是那份遗憾，让我在多年后再回想起来时，才更多了一份余韵悠长的回味，那也是对心灵一份特殊的供养吧！

供养一词更为广阔的释义，是指提供生活上所需要的物品、金钱等。这样的供养，更多体现的是一份义务和责任。像父母供养年幼的孩子，而到父母年老体弱时，子女再供养父母。这样的供养，是人类世代相传的需要，也是人性里最美丽动人、最朴素真诚的情怀。

相对而言，我倒更愿意把供养解释为对心灵的滋养，对智慧的开拓，对自我境界的提升。水是鱼的供养，泥土、阳光、雨露、空气是花草树木的供养。那么，什么又是我们人类心灵的供养呢？

很多薄雾缭绕的清晨，当我穿过那些郁郁葱葱的草木，踏着铺满落叶的石阶，看着无数晶莹剔透的露珠，在阳光的折射下闪着耀眼而生动的光芒，几朵安静而并不惹眼的旱莲，在草丛里寂静而小心翼翼地开着，内心便有了前所未有的充盈和感动。

在寒风瑟瑟的黄昏，从林荫大道走过时，看到一个身形单薄的环卫工人，在非常认真地扫着马路。就在原本刚刚打扫干净的地方，突然又被风卷走了几片落叶，他却并不懊恼，只是拖着瘦弱的身子再颠颠地走过去，然后一下一下认真地把那些落叶扫到簸箕里。原本灰暗的心境，顿时也就明亮起来了。

每逢临近年关时，总能在地铁上遇到扛着大包行李的农民工，尽管他们风尘仆仆，可是听着他们眉开眼笑地谈论着今年的收入，谈着家里的老婆孩子，谈着对未来的设想和展望，就感觉他们那么纯朴可爱。

也曾认识一位女生，年轻时活得兵荒马乱，与所有接触过的人都能兵戈相向，没有人喜欢她。可是十年之后再见，她已是两个孩子的母亲，不止整个人变得安静沉稳了，在她的身上，还有了温暖而动人的光芒。

那天，吃饭时我们坐在了一起，彼此对视一眼，她抿嘴一笑，非常感慨地对我说："我这一生，都要感谢我的先生，是他不断地包容和认可我，才一点点慢慢改变了我，让我把原生家庭里那些苦不堪言的经历都忘掉了，他是我这一生最大的宝藏，也是我最好的滋养品……"

我微笑着看着她点头："这样真好！"

还记得一位友人说："好的爱情和婚姻，是养人的。有没有爱对或嫁对人，要看你是不是会在这段生活、这份感情里变得越来越好……"

生在这精彩纷呈的世间，没有人能真正把生活过得风调雨顺，更多的时候，我们都在一团又一团的淤泥里挣扎着。只有永远心存善意，心怀希望，不断地成长蜕变，不断地汲取丰盈生命的养料，我们才能把生活过成期待中的静好。

人们常说："师傅领进门，修行靠个人。""三人行，必有我师焉。"在所有自然界的生命身上，哪怕只是最普通的一草一木、一鸟一虫，都能找到供养我们心灵的力量。只要有心，甚至是朴素日常里的一粥一饭、一言一行，都能成为丰富我们生命的养料。

人生一世，草木一秋。与花草树木相比，人类所需要的供养更多，不仅需要能够维持和保障基本生存的吃穿住行，更需要不停地给灵魂浇水、施肥、拔草。得失取舍、补充供给、删繁就简都是生命里的必修课。对于灵魂的供养，没有固定的模式，不断地学习成长是供养，有意识地自我完善净化也是供养，放弃那些求而不得、让我们身心俱疲的功名利禄，也一样是供养。

只有不断地丰富自己的思想和灵魂，我们才能在无数个看不见星光的黑夜里，用那双渴望获取光明的眼睛，一步步从黑暗阴沉的俗世烟火里，走向生活的柳暗花明，走向人生的繁花似锦，走出生命的烈烈风骨，走遍心中的千山万水。

感谢那些当头棒喝

当头棒喝一词，原是佛教禅宗用来考验弟子领悟佛理的方法。

相传它起源于一个叫黄檗的禅师，据说他在接纳新弟子时，会有一套非常特别的规矩：即不问缘由地给对方一棒，然后大喝着提出问题，而且每提出一个新问题时，都要当头棒喝，对方还要能不假思索地回答，只有能够经受得住这项考验的人，最终才能成为他的弟子。

黄檗禅师之所以这么做，一是为了检验弟子对佛教的虔诚和领悟程度；二来也告诫对方，只有刻苦钻研，百折不挠，才能真正领悟到佛法的精神奥妙。后来这一特殊的教诲方式，便被佛门广泛采用，以至流传至今。

生活也是一场修行，最好的生活状态，当是接受得了赞誉，也经受得起打击和否定；能够享受繁花似锦的春暖花开，也能经受得住寒风萧瑟的冬雪风凉。人这一生，谁也不能保证所有的日子都能过得行云流水，但是当你到了一定的高度之后，你会发现，越来越难听到别人当面的否定了，更别说那些让你警醒反思的当头棒喝。

更多的时候，别人对你，总是春风拂面，笑容可掬的样子，还有谁会痴傻到自以为是地去当你心中的那根刺呢？在这个讲究情商的时代，口无遮拦，心直口快，只能是低情商的代名词。

别人赞誉你，有的是心怀善意，顾及你的面子，害怕你难堪；有的只是出于鼓励，不想打击你的自信；还有的不了解你的性情，害怕实话实说后会造成自己的难堪；当然也有的人是有求于你，于是净拣好听的话说。当一个人心情愉悦时，别人所求之事，就更容易被肯定和应允；而更多时候，还是人们那种最大众、最普遍的认知心理：人人都有虚荣心，谁不喜欢听好话？

就连三岁小孩在受到父母表扬之后，也会咧着嘴巴微笑，也会手舞足蹈地表达着自己的开心，更何况是一个久听吹捧、尝惯了"糖衣炮弹"甜头的、自以为能登高望远的你呢？吃惯了细米白面，若真给你来点苦涩粗糙的糠菜之物，也必定是如鲠在喉的难以下咽。而最让人不忍直视的一种心理，便是慑于对方的身份和地位，明知对方三观不正，甚至言行失当，可是你却不敢反驳，这倒有点类似于"皇帝的新装"了。

夸奖别人是一种美德，真实、真诚的赞美自然人人受用。在市场营销学里，为了达到销售目的，销售人员常常会对潜在的客户进行夸奖和赞美。其实对于赞誉，多数人还是清醒自知的，特别是对那些言过其实的溢美之词，很多人尽管脸上笑着，可心里一样抱着警惕和怀疑的态度。

更多的时候，我们应该感谢那些能够给我们当头棒喝的人，特别是当你处于懵懂无知，飘飘然找不到北的时候，一定需要有那么一个人能给你警示。

六岁那年，我在故乡的村办小学读一年级。

学校背后是我叔伯外公的家，趴在教室的侧窗朝外看，不止能看见他家的院子，就连平常他们家的人来客往，以及他们在院子里的所有活动，也都一目了然。虽然我们不是至亲，但平常两家多有走动，一到节庆时，彼此之间的来往就更频繁了。因此我跟他们，自然也十分熟络。

还记得那是我刚刚踏入校门的第一学期，虽然公历已到九月，算立了秋，但农历却还在七月。陕南的七月，"秋老虎"依然是一副威风凛凛的模样，不仅天空艳阳高照，就连大地上，也是一如既往地如火焰山般炙烤着。

大概下午三四点时，一堂生龙活虎的体育课结束后，在阳光的暴晒下，我不仅累得汗流浃背，而且嗓子干得像是要着火了。在口渴难耐的驱使下，便叫了关系好的同学一同去外公家找水喝。

刚走到外公家的院子，便看到竹席上铺满了鸡蛋大小、被洗得白生生的核桃，肚子里的馋虫瞬间被勾起来了，顺手捏了几个装进口袋，还给同学也抓了几个。我当时的认识是：就算我不拿，去了外公也会给，根本就没当一回事。

结果我们还没离开竹席时，我的语文老师大吼一声："你们在做什么？"

我们惊慌失措地抬起头来，看到他正开着窗户，在办公室里用一双充满怒气的眼睛，狠狠地瞪着我们。

手顿时一抖，心"扑腾扑腾"地乱跳着，抓在手里的核桃也像长了脚似的，"咕噜噜"便滚到了院子中央。我和同学心慌意乱地捡起核桃，匆匆忙忙地钻进了外公家。问他要了一杯水，"咕咚咕咚"几口喝完之后，再小心翼翼地从口袋里掏出核桃，红着脸轻声对外公说："我错了，刚才看院子里晾着核桃，自己一时贪吃便拿了几个。"

外公笑着说："小孩子嘴馋很正常，想吃就拿去吃吧，你等会儿，我去找个袋子再多装点给你。"我连忙摆着手说不，然后逃也似的离开了外公家。

第二天早操时，语文老师当着全体同学的面，狠狠地批评了我们。尽管当时没点名，但我却恨不得找个地缝钻进去。从那以后，即使是自己家里的东西，在父母没说给我之前，我亦不会乱动。日积月累之后，便养成了习惯。走上社会后，从来不想占别人的便宜，对于友人的馈赠，我也会接受，但必定是投桃报李。

让我无比欣慰的是，后来这一习惯便潜移默化地转移到孩子身上了，无论去谁家，看到特别喜欢的玩具或者是很好吃的零食，女儿从不动手，亦不张口。就算别人主动给，女儿也会征求我的意见，我应允之后，她才会接受。而更多的时候，她表面上不动声色，等回家之后再悄悄告诉我她的喜好，然后我再买给她。

还有一个喜欢文字的挚友，每逢我灵感缺乏、自我感觉不好的时候，便找她给我的文字"挑刺"。她了解我的性情，知道我是真心想进步，每次都能仗义执言，即使有时说得过于直白，我亦不会生气。只有充分地认识到自己的不足时，才能更好地进步，如此我的文字才慢慢有了雅致的韵味。

在这光怪陆离的尘世间，我们难免有不清醒的时候，特别是面对一些利益时，总会遇到形形色色的诱惑，总会被各种各样的欲望驱使着。但作为一个真正有独立思想的人，我们应该时刻保持警惕的态度，清醒自知地有所为有所不为。

　　一直特别感谢那些能够指出我的缺点，对我的不足及时当头棒喝的人。只要不是吹毛求疵，能够客观指出你缺点的人，都是你生命里的贵人，值得你一生感激。

活成自己想要的样子

佛说："自在，即是有自己在。"这句话告诫我们，无论何时都要活出真实的自己。为文当有自己的风格，做画笔墨之间要有自己的特色和个性，而做人，更应该有自己独特的气质和风骨。

人活着，什么最难？我觉得是活成自己，活成自己想要的样子最难。

每个人都想活成自己，可是总在岁月的严寒相逼下，时光的辗转流逝中，生活的日渐消磨里，一不小心，到底还是无可奈何地就活成了别人期望的样子，活成了那个并不想要的自己。

而真正的你，只能在假装漫不经心的空寂里，被生活的浪潮无声地吞卷淹没。

那些能够一生坚持自己、活出自己的人，都是独树一帜的生命，都有着属于自己的标识。即使隔了千年的时光，穿过历史回过头看，你依然会发现他们还是那猎艳艳、迎风招展的旗帜，他们依然是我们仰望的高山。

不为五斗米折腰、一生向往山水田园之乐的陶渊明，就活成了自己想要的样子。"少无世俗韵，性本爱丘山"就是他渴慕的生活。在"误落尘网中，一去三十年"的辗转反侧里，他终于用一篇《归去来兮辞》，告别了令他十分厌倦、久在樊笼里的官场生活，从而实现了"开荒南野际，守拙归园田"的生活理想。

那个写下"天生我材必有用，千金散尽还复来"的李白，也活成了自己想要的样子。他向往自由，不畏权贵，视名利如浮云，一生仗义果敢，旷达不羁，但却又渴望能够为国效力，直到日暮西山之时，还念念不忘要去收拾破碎的故国旧山河。

尽管李白才华横溢，但却因为随性自我而得罪了不少名门贵胄，在政治失意被流放后，他却依然不改本性，还是那个疾恶如仇、裘马轻狂的李白。虽然他的才华没能在庙堂上得以施展，但却成为后世永远的精神瑰宝。

也正因少了功名、仕途的束缚，他的生命才多了游历众多名山大川的阅历。大自然的千山万水，不同地域的风土人情，都成了他诗情的养分。因此他才有了取之不尽、用之不竭、如泉喷涌的才思，才有了中国文学史上无人能及的崇高"诗仙"地位。

只是这样的人生，注定终归要比常人走得坎坷，走得波折一些。因为他们就是"异类"，太过突兀的人事，自然很难被平凡普通的俗流接受容纳。

在中国古代文人里面，我最欣赏的人，要数东坡先生了。

相对于很多坚持自我的人来说，他的自我坚持，并没有撕裂的阵痛，相反还带着旷达随性的淡然。在朝为官，他不以高位欣喜；屡次流放，他也不因流放而自苦。仿佛生命里所遭遇的一切，都在他的意料之中，那就是生活原本的样子；不管经历什么，他都没有放弃过自己。即使后来被流放到岭南，据说那样的刑罚在宋朝，仅次于满门抄斩。即使在那样艰难的日子，他一样开办学堂，传道授业；开荒种田，饮酒作乐；品茗会友，游历山水……依然坚持着自己的本性，依然充满热情地活着。

他的人生，是"莫听穿林打叶声"，是"一蓑烟雨任平生"；他的心境，在"回首向来萧瑟处"的时候，总是"也无风雨也无晴"；他的才情，前无古人，后无来者；他是一座令世人无限敬仰的丰碑。

想成为一个什么样的人，把自己活成什么样子，不在于我们的社会地位、学历、家世背景等，更多的时候只源于我们自己，源于我们内心的选择和坚守。

童年时，你想学国画，父母和老师总会语重心长地说："那不能当饭吃，你得努力学习。只有学习好了，才能有好的前程。"你觉得他们以过来人的身份劝你，一定言之有理。尽管你并不情愿，但却又拗不过他们的威严和意愿，便只能在心底幽幽地叹息着妥协了。

此后，无数个披星戴月的夜晚，为了所谓的好前程，你只能孤独地坐在小台灯下，对着数也数不清的题海，苦思冥想，奋笔疾书……

作为一名女子若没遇到真爱，年龄大了还未结婚，你便成了大龄剩女的专称。而后你的父母、邻里好友、七大姑八大姨的亲戚便会轮番上阵。

看着他们苦口婆心、恨铁不成钢的样子，你所有的坚持就会一寸寸土崩瓦解。你试着说服自己，大多数人不都是这么活着吗？一旦意志不坚定，最终你便会懦弱地在他们的狂轰滥炸里，疲惫不堪地缴械投降。

你听从父母的劝告，选了一个自己并不爱的人结了婚。你设想着，如此便能换来一个心灵清净、天下太平的生活。殊不知这一投降，你就输了。轻者弄丢了自己，更为严重的甚至还会丢掉你的大段人生。

多少破碎的婚姻，不都是因为缺少或者没有爱情吗？

也许婚后你想要的生活是工作爱好两不误，空闲了可以下雪煎茶，写字、画画、插花。一旦进入生活的旋涡，你便不再是你了。你是妻子、母亲、子女，你得整天围着锅台、柴米油盐、洗刷冲涮转。你对家庭、爱人、孩子、公婆、自己的父母都得照顾；甚至还有亲戚邻里、好友、同事间的人情礼尚，迎来送往……

这里里外外，层层叠叠，密密麻麻，都是忙不完的责任、义务、琐碎。

即使偶尔闲暇，写点诗词歌赋；婆婆会皱着眉头说："真不是过日子的主"；爱人撇撇嘴："整天写写画画，能当日子过，还是能当钱花？"在所有声浪如潮的反对声中，你开始怀疑自己坚持的意义，慢慢否定了自己的价值。

自此那个清清爽爽、热爱生活、温暖向阳的你，开始一天比一天萎靡，一天比一天活得没了滋味。直到有一天，你为了小商小贩的缺斤少两，为了争抢打折、特价商品而跟人争得面红耳赤，唾沫横飞时，你突然就哭了！

你觉得无比委屈，这本就不是你想要的生活，这不是你应该有的样子，只是悔之晚矣！太多的妥协和退让，让你在千疮百孔的生活面前，早已没了还手之力。转回头，你绝望而悲凉地发现，这世界什么也没有变，变的只是自己，你只是把自己弄丢了！自此这世间，便又少了一个清丽可人的阳光少女，而多了一个庸俗不堪、满是烟火琐事的中年妇女而已。

曾在网络上看到一段非常有趣的文字：

有一天，"我"字头上丢了重要的一撇，就变成了"找"字，为了找回那非常重要的一撇，问了很多人，那一撇代表什么？商人说是金钱，政客说是权力，明星说是名气，军人说是荣誉，工人说是工资，学生说是分数……

对于人生，没有什么值得你抛弃自我。"我"字头上那最重要的一撇若丢了，"我"便真的不是我了。

在丢失自我时，在很多月明星稀、夜深人静的夜晚，你也许会辗转反侧，在床榻上怅然若失；可当次日的第一缕霞光照进窗台，你还得笑容满面地与生活周旋，这就是绝大多数人的一生。虽然万分遗憾没能活成自己，可我们总还得活着，总得活下去。

只是这样活着，仅仅是活着，并未活出你的真性情；这样的活着，也便少了底蕴和精彩；这样的生命，呈现给世人的，是一片枯萎的萧索之气。

而只有那些坚持自我、永不放弃、不遗余力地把"我"活成了真我的人，才最可爱，也最可贵。这样，才能把自己的人生，活出别样的风采，活出熠熠生辉的样子，活出清澈明亮的精神风貌。

一路走来，谁不是经历着不同的打击和伤害！谁不是在磕磕绊绊的生活里翻山越岭！而只有坚守自己，才能轻舟已过万重山。不管经历什么，我们都要相信人性的美好，要对生活保持简单的热爱，对明天充满朝阳般的希望，拥有一颗纯净似琉璃的不老童心。

很多人都说我活得天真，其实并不是不懂人情世故，江湖险恶，而是我不改初心，此生只想活成自己，活成自己喜欢的样子。

此去经年，无论这世界多么薄凉，愿我们都能抖尽满身的风霜，在看过了人间的万种风情后，归来依然还是少年郎。

单薄中的饱满

有些生命看似单薄孱弱、纤细易折、微不足道，然而一旦遇到风暴、打击、灾难，却总能呈现出坚韧顽强、临危不惧、视死如归的气魄，升腾出明知山有虎、偏向虎山行的勇气，拥有了我不入地狱谁入地狱的果敢担当。

这样原本脆弱的生命，顷刻就有了自己的韧性和骨骼，有了动人的灵魂，立刻就变得生动饱满了起来。每次遇到那样的场景时，心底总会涨满喜悦的风帆，也像春天里那一寸寸蔓延的草色，直绿得心软软的、润润的、湿湿的……

看根据英国作家J.R.R.托尔金的玄幻小说《魔戒》改编的电影《指环王》，那种在单薄中洋溢的饱满力量，让我欲罢不能。

故事主要讲述了魔戒圣战时期，为了追求自由和向往光明，各种族人联合起来反抗黑暗残暴魔君索伦的故事。尽管整个故事围绕着玄幻背景展开，但故事却并不脱离实际，自始至终都围绕着勇气、坚韧、顽强、无畏这一积极向上的主题。尤其是佛罗多，原本就是一个身形单薄、不懂任何法术最普通不过的霍比特人，然而当他接受了销毁魔戒这一使命后，不管后来遭遇的情况有多么艰难危险，他自始至终都没有生出放弃的念头。即使明知要付出生命的代价，他亦没有退缩过，这就是人性里最坚韧的饱满，着实让人感动。

很多看似单薄的生命，就像埋在泥土里的种子，一旦迸发出生命的热情，就会爆发出惊人的能量。那些不为人知的隐忍，都在沉潜的夜色里积蓄着，只要感受到一点春的暖意，它们便欣欣然地往外钻，之后再以迅雷不及掩耳之势，长成一片郁郁葱葱的模样。

芦苇就是一种看似单薄、却坚韧饱满的植物。我喜欢在冬天去看芦苇，看它们在萧瑟、枯寂、凋零的寒风里，独自妖娆、舞蹈、盛放、招展的样子。

最初见到芦苇，是童年的盛夏。彼时我还是一节稚嫩的笋子，随母亲去给曾祖母拜寿，曾祖母的家在几十里开外的一个河谷边。第一次出远门，我兴奋得像一只小山雀，蹦蹦跶跶地走在母亲前面。

放肆的绿意，在夏的温床里铺天盖地地席卷着，很多植物绿得仿佛都要滴出水来了。路过一片低洼的沼泽时，一大片密不透风、长得瘦瘦高高、叶片狭长有序、有点类似于毛竹的植物扑面而来。细细瞅着那些玉树临风的身影，我又一次确定不是毛竹，一阵微风袭来，还有一股淡淡的清香，便好奇地问母亲那是什么。

母亲用家乡话告诉我那叫羽子，后来又用书面语补充说应该叫芦苇，是一种生存能力极强的植物。说完，还伸手折了一截递给我把玩，自此我对芦苇便格外印象深刻。

　　中学时，读孙犁先生的《荷花淀》，看到茂盛得像青纱帐般的芦苇，不仅是红军战士的掩护，还能演变成为他们进攻敌人的特殊武器，感觉芦苇真是太神奇了，就更喜欢芦苇了。那时就想，白洋淀里的那些芦苇，也是战士吧？自此芦苇在我心底，已不是普通的草木。

　　后来接触了《诗经》，读"蒹葭苍苍，白露为霜。所谓伊人，在水一方"时，知道了蒹葭即是芦苇。芦苇在我心中，便又多了一份妙曼的遐想，仿佛她就是一位美丽、温婉、多情、妖娆的古典女子。

　　只是秋水伊人般的芦苇还没见到，却在冬日寒风瑟瑟的旅途中，无意便与一大片寒风猎猎的芦苇撞了满怀，我着实被它们茂盛到疯狂的气势惊艳到了。

　　你看！寒气森森，长风萧萧，百草枯折，万物凋零。光秃秃的冬里，似乎所有的生命都凝固成枯萎凋零的状态，都在萎靡地往回收了，而只有那些芦苇，完全是疯狂的模样，完全是绽放的姿态，完全是我自迎风向天笑的表情。

　　它们活得那么洒脱豪迈，自信明亮，活得那么与众不同。那也是一生都有所追求、拥有奋力向上精神的人吧。总之，那个下午，我被那些芦苇摄了心魄，彻底被它们的热烈震撼了。

　　是的，这就是冬日里的芦苇，这就是战士般的它们。在寒风刺骨、萧瑟凋零的冬日旷野里，很多植物都匍匐拜倒在季节的淫威里，都在唯唯诺诺地对着季节俯首称臣，而唯独那些纤瘦的芦苇，却站得笔直整齐。

一阵寂寂的冷风刮过，尽管它们在肆虐的寒风里也会微微晃动，但很快便又挺直了瘦弱的身板。一次一次，它们仿佛在打太极拳，在它们四两拨千斤的柔婉周旋下，那些凌厉的风倒成了"纸老虎"，只能绝望地打着尖锐的口哨，呼啸着绝尘而去。看到它们时，我想起了抗洪抢险时，那些十八九岁的新兵。尽管自己并不强壮结实，可是面对人民的苦难，他们依然选择了无畏果敢，勇往直前，毫不退缩……

芦苇也是这样的生命，原本看似单薄，然而一旦与风暴严寒对抗，它们顷刻便有了坚韧而生动的饱满，有了硕硕的风骨，有了崇高博大的情怀。

一眼望去，在冷瑟的寒冬里，当你看到朵朵高举的芦花，在呼啸的寒风中兀自摇曳起舞时，你就会生出感动，生出绵密而温暖的情愫。在这天地空寂、万物萧条的隆冬旷野里，还有比它们更广袤空灵、盛大茂密、看似柔弱实则生动饱满的植物吗？

如果说夏天那些碧绿苍翠的芦苇让人生出欢喜的话，那么冬天的芦苇便会让人生出敬意，生出过目不忘的感动和震撼。表面看来，也许夏天的芦苇更繁茂昌盛，但却繁茂得没有个性，昌盛得千篇一律。那是夏天所有草木都应该有的跋扈飞扬，终归少了一点自己的味道，很容易便被人们忘却。

而冬天的芦苇，就很不一样，尽管有了叛逆的不羁，但却更隐忍了，更具有了坚韧而饱满的力量。所有的景致都颓了，偌大的冬天里，只剩下它们自己，它们仿佛很孤单，然而那才是它们的天地。孤单只是季节给予的背景，在苦难里坚强不屈，才是它们的风情，才是它们的骨和血。

我曾拍了一组以芦苇做背景的写真照片，那雪白的芦花风情地摇曳着，我披着白纱，在妖娆盛大的芦花面前盈盈浅笑着。那时的我，也是一朵芦花吧！

如果人生能够选择，没人喜欢接受风雨的洗礼，没人想过颠沛流离的生活。可生活从不与你商量，也许你正憧憬着，明天置办几件新家具，后天再捯饬一下院子里的花草……可很多挫折和苦难，却突然从天而降，一棒子便把你打得晕头转向，令你苦不堪言，甚至心灰意冷。你可以打盹修整，但绝不能趴下；一旦趴下，你的人生就会输得一塌糊涂。

年轻时，也曾羡慕过那些不费吹灰之力便把生活过得花团锦簇、鲜衣怒马、拥有良好家世背景的女子，但现在不了。很多时候，人生没有选择，所有的路都得自己脚踏实地，一步一个脚印地往前走。

此生，我们都是风中的芦苇吧！

虽然单薄，也许艰难，但正因为有了风雨的洗礼，有了众多磨难的历练，我们的人生才逐渐有了生动的饱满，有了自己的气象和韵味。

接受自己的无能为力

曾经在梦里，梦到自己变成受了重伤、离群索居的孤雁。

那是一个寒风呼啸、暮雨纷飞、凄冷无比的深秋黄昏，我孤零零地蜷曲着身子，把头缩在芦苇荡边的草丛里。惶恐、迷茫、无助、悲凉、忧伤，还有绝望，像铺天盖地的潮水一样，席卷呼啸着。

几天前，我被突然射来的一支利箭擦伤了腹部，至今伤口还未痊愈。于是我跟不上雁群的速度，便只能掉了队，落到如今形单影只、凄凉无比的孤寂境地。

北风尖锐地呼啸着从我身边掠过，想着以后的处境，我哆嗦着把身子往草丛里钻了又钻。

"我会死吗？我会被冻死在这凛冽的寒风里吧？"

这样想着，泪水一串串流了下来，你看，除了哭泣，我已身无长物，于是我只能更加绝望地哭泣。

"喂，喂！哭是解决不了问题的。"

谁在跟我说话？我抬起哭得泪雨滂沱的脸，用哭得红肿的眼睛，四下搜寻着。

"喂，喂！朝你身后看，我在这里呢！"

那声音再次传来。

我转回头，在身后发现一株几近枯萎、可中间却还吐着绿蕊的小草，她正用孱弱而不失温和的声音对我讲话：

"寒流即将到来，你有哭的力气，为什么不能再试一试？哭泣只是懦弱无能的表现，你想成为被冻死在石缝里的寒号鸟吗？倘若不是，那就再试试吧！"

"再试一次？"

我呢喃着问她，也是问我自己。

她微笑着冲我点点头，低沉而亲切地鼓励我说："再试一次吧！"

迎着她期许的目光，我勉强站直了身子，抖了抖有些潮湿的翅膀，强打着精神，先是跌跌撞撞地扑腾着，几经努力后，终于慢慢飞上了天空。想到南方阳光和煦、温暖如春，想到成群结队的小伙伴，想到以后的幸福生活，我又充满了力量。

于是在那个月黑风高、冷风萧瑟、夜凉如水的夜里，我拼命地煽动着疲惫不堪的翅膀，竭尽全力地燃起了对未来的憧憬和希望，努力地往前飞呀飞！

正当我幸福地沉醉在无边的幻想中时，只听"嘣"的一声，那是放弦的声音。

我大吃一惊，于是急促地拍打着翅膀，努力地让自己飞得更高一些。

只有高了才能远离危险，然而不幸的是，由于用力过猛，原本还未愈合的伤口再次被撕裂了。钻心的疼痛让我无法保持飞翔的姿势，两眼一黑，便头重脚轻地往云朵里跌去……

醒来时我被惊出一身冷汗，在深秋午夜听着窗外鼎沸的雨声，便再也无法入眠了，于是披衣坐到窗前，分外惆怅地眺望着车来车往。灯火阑珊的城市夜色，回想着刚才的梦境，只觉得一切都显得落寞而凄然。

人说日有所思，夜有所梦，这不正是我们的生活吗？在人一走，茶就凉的生活里，谁不曾是一只受了重伤的孤雁？

纵使风尘满面，伤痕累累，可我们却总是不甘认输。更多的时候，我们总是一边颓废迷茫、纠结失望着，却又一边奋力挣扎，自我安慰着去舔舐伤口。

累了，不敢大声喧哗；苦了、痛了、委屈了，也要躲在黑暗里独自疗伤。在人前，我们总是阳光明媚，笑脸相迎；只是在夜深人静、独自回首时，那些随着夜色而至的忧伤，总会如影随形。然而只要活着，我们便不能被那些幽暗束缚，便要努力地冲出夜色的包围，天亮之后就要擦干眼泪，再拼命而努力地向前飞……

我们总想把最好的一面，都呈现在别人面前。

其实，生活最终只是我们自己的，别人都是看客。他们所关注、所在意的，只是你飞翔的高度，你抵达的距离。苦了、累了、痛了、哭了，那都只是你自己的事情，在这素淡无心的江湖里，没人会真正在意你的喜怒哀乐，生死不过一瞬间。人生如白驹过隙，百年过后，你能留得住什么？

又能留得下什么？只有发自内心的欢笑和快乐，才是真正属于自己的，只可惜懂得的人，终究太少。

有女友从远方来看我，看到如今鲜艳明媚、笑靥如花的她，由衷为她当初的抉择点赞。

那时，她过着一天从中午开始的生活，每天睡醒后，便是打扮、聚会。开几百万的豪车，住西湖边上的大别墅，拿香奈儿、古驰的限量版手包，旗袍只穿陶玉梅的真丝手工定制……

所有人都羡慕她的奢华生活，觉得她是几生修来的福气，简直是掉进了蜜罐里。

只有她自己知道，她并不快乐，那也不是她想要的生活。

别人只看到她表面的繁花似锦，有谁曾想到，她甚至整月整月见不到自己的丈夫，常常要借助酒精、安眠药才能睡个好觉。她见人总是笑容满面，可每当独处时，笑着笑着，便笑出了满脸的泪痕。她觉得自己的生活，就是张爱玲笔下那件爬满了虱子的华丽外袍。

她一次次跟丈夫沟通，可丈夫却总是以生意忙为借口，更甚至不屑一顾地反驳她："你既然选择了锦衣玉食的生活，就要能受得了独守空房的寂寞。"

她跟他哭、闹、冷战，甚至离家出走，割腕自杀……

原本优雅可人的她，在那居高临下、并不珍惜她的丈夫面前，一日日憔悴、萎靡。可他却始终是一副冷眼旁观、事不关己、冰冷寒凉的表情。

知道底细的亲人总劝她忍，都说她如果一旦放手，再也找不到条件这么好的男人了。就连自己的亲生母亲也说："还是睁一只眼，闭一只眼地安生过日子吧！跟谁过日子也是过，只要他在生活上不亏待你，你也就别要求太高了。"

她常常问自己："真的是我要求高了吗？是我不知足吗？"

直到一日，她看着自己十年前清丽可人、阳光灿烂的照片，再对着镜子里一脸沧桑、满眼忧伤的自己，突然觉得很陌生，顷刻就愣住了。

"自己怎么就成了今天这个样子？"

泪水一串串落下来。那个下午，她流尽了所有的泪水后，终于下定决心与他离婚。

即使他给的分手费少得可怜，即使他百般刁难，她亦没有一句纠缠，只是果断地在离婚协议上签了字，然后顺利地结束了那段并不理想的婚姻。

而后她去了英国，读了硕士学位，学了服装设计。后来又回了国，在本市的一个写字楼开了一间自己的工作室，教女性如何装扮、塑造自己。

尽管店面不大，但由于经营有方，生意并不差。

尽管她现在开的只是二十来万的普通小轿车，尽管她不再穿动辄过万的衣服，住的也是一百多平的房子，嫁了一个普通的建筑设计师，可是所有见到她的人，都说她变了。不止年轻了，而且在她身上，有了玉的光芒，有了动人的温婉和宁静，感觉她在逆生长……

有一天，我们去喝下午茶，回忆起前尘往事，她粲然一笑。

年少的时候，我们总是豪情万丈地觉得天地广阔，只要自己愿意坚持，只要努力拼搏，我们便会无所不能，总是过高地估计了自己。到了中年以后，才觉得这世间的很多事，任你怎么努力，也会无济于事，也有无能为力的时候。

人这一生，什么事情都是一种经历。面对人生，无论如何努力，总有一些事我们无能为力。那个时候，你就要学会接受，否则，便是永远的深渊。比如凋零的生命、颓败的花朵、流逝的时间、远去的爱情、破碎的婚姻、渐渐远去的回忆……

是啊！无论怎么努力，这世间总有一些事情，是我们努力了之后，还不能抵达的，于是就学会了放弃、学会了割舍，学会了世事岂能尽遂人愿，但求无愧我心的豁达。否则，一生都只能在那些困苦里纠缠，白白地蹉跎了很多大好的时光。

我们常说岁月静好，哪来那么多真正的静好？更多的时候，我们不过是一边擦干眼泪，一边再微笑着鼓励自己："没什么大不了的，所有的舍去，都是为了明天的新生。"人这一生，认真地努力过就行了，很多结果并不能被我们左右，别总跟自己过不去。只要学会了放下，所有的不如意，随着时间的推移，也就慢慢过去了。

其实，人生里真正的静好，就是学会放弃一些东西，不与自己无能为力的事情做过多的纠缠，更加决绝、坦然地接受自己的失败，学会关爱自己的内心世界。

只有真正学会了爱自己，生活才会更爱你。

感谢结束

　　春暖花开时，表妹来看我，哭得梨花带雨，问及原因，表妹心有戚戚地哽咽着："倾心相爱了六年的男友，说好此生非我不娶，只是如今他要结婚了，非但新娘不是我，而且我还是最后一个知情者，你说我是不是很悲哀？"

　　说到此处，表妹已哭得上气不接下气，低着头呜咽了半天，再也吐不出一句完整的话来。

　　我轻轻拍打着她的肩膀，直到她哭得不想再哭时，抽了一张纸巾递给她。

　　表妹擦了脸上的泪痕，抬起头来，瞪着一双红肿的眼睛，迷茫得像只小鹿般地继续自语着："姐！其实我也知道，我跟他并不合适，我们在一起时总吵架。可是我觉得我们有爱情呀！我不甘心他就这样放弃了，不但我六年的真情付诸东流，还有我六年的青春，感觉像呼啦啦的流水一样，一下都成了过去，成了一场虚幻的梦境。我怎么也无法接受，我们怎么就变成了彼此的过客？"

我拉着她的手说:"真是个傻丫头!你还要如何?明知在一起不合适,现在结束是最明智的选择,对你们彼此都好。难道要等到结了婚发现真的不合适,然后你们再离婚吗?"

表妹听我这样一说,便慢慢安静下来。

一年后,她便遇到自己命中的"白马王子",如今已是孩子母亲的她,俨然被老公宠得像个公主。

我们常常害怕结束,恐惧结束,好像结束了,就意味着失去,意味着不圆满。特别是面对爱情时,当一份感情走到尽头时,我们总是心如死灰,形同枯木,身寂寂而身惶惶,像一缕飘荡在天边的孤魂,总感觉自己的快乐都被忧伤和黑暗吞噬了,觉得自己仿佛活不下去了。

因为不想结束,便一遍遍地去纠缠对方,哪怕是低到尘埃里,还要不管不顾地厮守在对方身边。可到底还是无法挽回了,到底还是无可奈何花落去了,到底还是昨日之日不可留了!最后的最后,只能落得花自飘零水自流。

尽管不甘心,可到底还是失去了,还是结束了。

而后很长一段时间,我们都会沉浸在怀疑自己、怀疑人性、怀疑爱情的苦涩纠结当中,更甚至悔不当初。原来那么亲近的人,如今却形同陌路,你可以相信谁?还敢相信谁吗?

甚至会在心中起誓:以为再也不去爱了,以为自己今生都不能再爱了……

只是后来,当你遇到那个真正懂你的人,你还是会飞蛾扑火,还是会不管不顾。你甚至还会在心底暗暗庆幸，一切都刚刚好，一切都还来得及。

如若没有当初的结束，何来今天的幸福，何来身边这个温柔体贴的人呢？

爱情结束了，我们便有机会拥有新的恋情；黑夜结束了，会迎来黎明、晨曦和朝阳。没有结束，便没有开始，所有的结束，都是指引我们走向柳暗花明的转机。所以，结束是求变，是新生，是希望，是放下，是解脱，也一样是新的起点。

任何华丽盛大的开场，就必然会有闭幕时的萧瑟和冷清。这人间的春夏秋冬、这情爱里的冷暖纠葛、这世界万物的交替轮回，都是开始、结束相互角逐的一场大戏。

结束是一朵花化做千万朵，"横看成岭侧成峰"；结束是"只缘身在此山中"，"云深不知处"；其实结束更应该是"明月松间照，清泉石上流"。只是当我们处在结束的迷局中时，却总是声声怨，再声声叹。

没办法，人性天生就喜欢热闹，喜欢繁华，而甘愿享受孤独、寂静、落寞的人，却少之又少。

也有少数人喜欢结束，那些人都是极少数。他们把所有的结束，都当作是对自己的挑战，是自己与自己的交锋。于是他们总是活在风口浪尖上，一次次与过去的自己诀别，一次次与自己所熟知的事物挥手告别，一次次给曾经的自己亲手画上了句号。

这样的人是风，是勇士，是草原上的雄鹰，更是搏击风暴的海燕。所有的困难、转变对他们来说，都是机遇和挑战，是收获，更是对自我价值的探索，对潜在能量的开发。他们一生都在向内求胜，永不停歇地向自己索取。即使粉身碎骨，也在所不惜。他们所要所求的，就是一次次的结束，再重生；一次次的获得，再释放。

少年成名，一直颇具争议的韩寒，就是这样一个与众不同的少数，他的骨子里装着永远也不会安于现状的灵魂，仿佛只不断地和过去告别，他的人生才更显丰满。

当别的少年都以学为天，用求学去改变自身命运时，他在高一便退了学。老师问他不上学，以后在社会上何以立足、如何养活自己时，他非常自信地说靠稿费，所有人都觉得不可能，还引得大家哄堂大笑。

只是他自己知道，那绝对不是一个笑话。

而后他凭着写作一炮而红，只用了两三年的时间，他便一跃成为家喻户晓的少年作家。他的文集《零下一度》，更是获得了当年畅销榜第一名的好成绩。

取得了巨大的成功后，所有人都以为他贴着这闪亮的作家标签，会沿着这条星光大道一直走下去，他却华丽地转身，玩起了赛车。

顿时，舆论一片哗然，很多人都觉得他疯了，觉得他狂妄至极。

而他不争不辩，只用实际行动有力地证明了自己。他不但实力非凡，简直就是一个神话，一举拿下多个冠军，无声地给了那些质疑他的人一记最响亮的耳光。

后来他出唱片书，当编剧、导演，不管做什么，他都做得有声有色，精彩绝伦。

再后来，对于这样一个天才般的少年，不管他再做什么，别人都不会再质疑。在他的身上，我们看到了人生的无数种可能，他的半生，可以抵上别人的几世。

那就是他与众不同的特质，他不安于现状，总是不断地结束着自己熟悉的事情，不停地与过去的自己告别。他骨子里的坚硬和勇敢，绝非常人能够理解。我们有理由期待着，在以后的时光里，他还会不断地超越过去，超越自己，还会带给我们更多的惊喜和感动。

生活在这瞬息万变的时代，很多人都在墨守成规，惧怕改变，害怕颠簸。在生活面前，一旦安逸成了习惯，根本没有勇气结束固定不变、按部就班的生活模式。只有那些无畏的勇者，心灵强大到不怕失败、不怕挫折的人，才能这样不遗余力地一遍遍打破自己，重塑自己。

还有作家大冰，也是这样的勇者。他的这半生，也在一直跟过去的身份、过去的自己告别。他是主持人、民谣歌手、作家、油画家……

他的每一次转身，都是一幅生动、艳丽、饱满的油画；那些厚重的人生体验，精彩得让人想落泪。在这样的人身上，所有的形容词似乎都是多余的，结束和超越就是他们一生的使命。这样的少数，这样的人生，简直妖艳得让人充满了嫉妒。也许他们自己并不觉得，但老天知道，这样的结束，该有多美，该有多么令人感动！

渡人，渡己

雪后初霁，空气凛冽寒冷，漫无目的地行走在肃杀的黄昏里。几片枯叶在寒风的肆虐下，发出苍老而悲凉的呜咽，一切都显得寒冷而萧瑟。

路过一个烤地瓜摊时，看到胡子拉碴、一脸沧桑的中年大叔，把刚刚从炉膛里取出来、还呼呼冒着热气的烤地瓜，送到卧在墙角那个衣衫褴褛、穷困潦倒、满头银发的老奶奶手里。

原本唉声叹气的老奶奶，脸上瞬间便绽放成最灿烂的菊花了。

因为饥饿，她一边匆忙地叠声说着谢谢，一边急不可耐地剥了地瓜皮，也不管冷热是否适宜，径直便往嘴里塞。在她龇牙咧嘴咀嚼的同时，眼泪却一串串流了下来。显然怕人笑话，她又慌忙抬起爬满皱纹的手，一遍遍地在脸上抹着，立刻就变成了一个大花脸……

看到这样的场景，眼睛瞬间酸涩得厉害。不敢再去看她，慌忙转过身去，却还是止不住就迷蒙了双眼。

感觉心底有什么东西，一层层往下落，好像冬天里漫天飞舞的雪花，又像是春天冰雪消融的声音，也似早春里轰隆隆的雷声……

那原本不过是市井生活里最普通、也最平常的一幕，却一下子击中了我。在残酷无情的生活面前，很多人都成了耳目失聪的鱼，不止学会了装聋作哑，更学会了"素淡无心"。

提到清冷、疏离、隔绝的生活模式，我相信绝大多数的人都不会喜欢，可麻木不仁、随波逐流却依然是很多人的选择，但这又绝对不是生活的全部。就像此刻，在这样一个不经意的黄昏，这样一个毫不起眼的人，却带给我别样的洗礼和温暖。

很多时候，在力量无比薄弱的人身上，却总能看到让人敬佩的高度，看到感染人心的力量。正是因为他们力量本身就薄弱，却依然能够不计自身得失，生出向善、向暖的美好情愫，这样的情怀才更生动感人，也让人觉得格外珍贵。

尽管那天冷瑟无比，尽管川流不息的人群依然紧裹着棉衣，依然面无表情，冷漠疏淡地向着自己要去的方向，匆匆忙忙地奔走着，可这一切的一切，却并不影响那些心灵纯净之人对生活的热爱。

认识一个从小家境清贫、因重疾没能及时医治而落下终身残疾的侏儒青年作家。他一个月的收入不过四百块钱。自己本来就生活得窘迫不堪，然而却在汶川大地震时，毫不犹豫地捐了五百块钱。

他从未对我提过。那天我无意看到报纸的报道，尽管只是一个背影，只那一眼，我便确定就是他了，一定是他。

照片上的影像是这样的：

一个瘦弱矮小的身影，正举着钱努力地去够捐款箱，旁边有人见他够不着，便伸手去拿了捐款箱。于是画面就定格在他背对着镜头、举着钱，别人伸手递箱子的那一瞬间。

显然那是别人无意中拍到的画面。

我打电话给他，他非常诚恳地跟我说："这真的不算什么，以前也有很多好心的人帮助过我，否则我走不到今天！感觉自己的力量还是太小了……"

尽管他的语言那么朴素，但落在我心底，刹那便成了滚滚的春潮，变成了灼灼的万里桃花。

陪女儿看新拍的《三打白骨精》，里面的很多场景和台词，都让我颇为感动。

还记得国王的计谋被识破后，悟空要打死为了一己私欲，丧心病狂、残害儿童的国王。

而唐僧却摇着头说不可以，悟空无奈放了他。而国王看着那些孩子被唐僧师徒一一救走，非常绝望地对唐僧喊道："你只是一个懦弱无能的和尚，如果不是你的徒弟，你又能奈我何？你取的什么经，渡的是什么人？"

那一刻，我看到唐僧微微晃动了一下身子，那心底的震撼，一定不亚于一场海啸吧。

最后唐僧决意度化白骨精，白骨精却冥顽不灵地觉得，她之所以有今天的恶，全是因为一千多年前别人对她的迫害，所以她理所当然地成了妖。

在唐僧执着的度化下，尽管她也心有所动，但却以做妖习惯了为借口而进行逃避。而最后唐僧不惜舍去自己的性命，也要度化白骨精，便让悟空打死自己。悟空不愿意，唐僧却说："如果我不能参透生死，即使到了大雷音寺，我也一样取不到真经。"

在影片快结尾的时候，看到白骨精终于被唐僧超度，嫣然浅笑地走在光影里，去奔赴另外一世的光明。

唐僧说："我只能送你到这里了。"

我觉得那一刻的白骨精和唐僧都那么美，那么深邃，也那么慈悲。

往往在面对失败、挫折、打击、伤害、不如意，甚至是自身的颓废堕落时，我们总喜欢在别人身上找原因，总觉得先有别人的因，才有我们今天的果。然后，我们总用自己所认知的对错去判断别人的言行，总会心生怨恨。

可很多时候，眼睛看到的不一定为真，耳朵听到的也不一定为实。你怎么能知道，你自我认知的对错，就一定代表了事情的真相？

其实对于一些事情来说，你的真相只是你自己的认知，与别人并无关联，可你却一生都生活在苛责、怨恨当中……

只有走过了尘世的千山万水，经历了人生的种种冷暖之后，你才会发现：人生更多的时候，不过是自渡彼岸。我们只有解决了自身的困惑，才能散发出感染他人的力量；只有先自渡，而后才能渡人。

如果自己都一直待在阴暗处，自己都不能照亮自己，又如何能够照亮别人？你一直处在幽暗的环境当中，总喜欢拿自己的阴冷去揣测别人的善意，自然无法得到美好的结果。

无意中看到一个很有意味的小故事：

一个原本工作勤勤恳恳，活做得精细无比的老木匠，在临近退休时，老板却给他加了活。要他打造完最后一批家具，才允许他离厂退休。

老木匠特别不情愿，但又别无他法，于是便把怨气都撒在最后一批家具上。

那批家具也被他做得丑陋、粗糙，毫无品质可言。

可等他干完活后，老板却对他说："这最后一批家具，是对你工作这么多年的奖励，这些家具都是为你自己打造的，你拉回家吧！"

听了老板的话，再看看那些粗糙简陋的家具，老木匠一下子呆立在原地，不止觉得羞愧，简直悔不当初。可无论他如何后悔，都弥补不了既成的事实。

在生活面前，无论我们做了什么，最终所有的结果都得自己承担。无论世界怎么变迁，我们都要有明辨是非的能力，都要有自渡彼岸的能力。只有自己活得通透、豁达、悠远、宁静、纯粹，才能把自己的生活过得从容静美，从而带给别人美好的力量。

一苇便可以渡江，生活里有映日荷花别样红的莲花光阴，也一定会有在黑暗里深埋，忍受阴冷潮湿，不见天日的沉寂。只有享受得了寂寞、煎熬，你才能拥有繁华和掌声。

生活是一场永远的修行，渡人也是渡己，而要想渡人，一定得先渡己。

第五卷

有真意·

且向花间留晚照

人生如棋，落子无悔。每一份不可复制的经历，都是恰如其分的当下。

愿我们余生悲欢有人听，颠沛有人陪。

人生需要留白

　　最有意趣的人生，一定不要填得太满，像国画里的留白。只在笔墨勾勒、皴染之间，蓝天、白云淡逸悠远，雪山、瀑布尽显峥嵘，闲潭、河流、湖泊更是意蕴悠悠，且静水流深。

　　生活里的留白，是"听取蛙声一片"的闲情逸致；是"花落人独立"的清幽雅趣，是"行至水穷处，坐看云起时"的豁达悠远，亦是"也无风雨也无晴"的笃静平和。

　　留白即是留出空白，从字面解读属于形象思维，但艺术层面的留白，属于意象思维，需要人们用丰富的联想去想象、思索、构建、创造。留白本身就是一件充满玄奥、引人一生探索的艺术品。留白的美，只可意会，无法言传。不同的观画者，尽管面对着同一幅作品，但对留白部分的解读，却一定有着只属于自己的独特感悟和认识。

　　留白用到国画、陶瓷、文学、绘画、书法、话剧等艺术领域，就是阳春白雪般的高雅圣洁，是一种境界。尤其是水墨画，那留白可以是无限广阔的天空、河流、湖泊，也可以是婉若游龙的小溪、峡谷、山路，还可以是凉风习习，月影婆娑，花枝摇曳的意象。

　　好的艺术家，都是留白高手。国画里的留白若能拿捏得当，留白的部分就会形态万千、意境幽远，让人情不自禁地浮想联翩，从而一朵化成千万朵。

　　南宋绘画大师马远的画，就是最有力的证据。

　　在《寒江独钓图》中，一幅画里只一舟，一垂钓老翁置于船头。几笔柔和的线条只在舒缓的勾勒之间，鱼钩入水时的轻微涟漪便栩栩如生了，其他皆是空无一物，大片大片的留白，却顷刻便让人觉得烟波浩渺，雾气氤氲，满幅皆水。

　　而《云舒浪卷》图就更简单了，全幅画里只有一片气势汹涌的浪花，其他都是空空的留白，却让观画的人仿佛看到了天地浩然，看到了气吞山河的巨浪滚滚而来，真是无物胜有物。

　　留白可以雅俗共赏，一旦落到现实的生活里，留白也便成了生活的智慧。

　　小时随父母务农，知道了玉米长到一尺左右要除草、匀苗。他们说秧苗留得多了，营养不够，都会长不旺盛，所以要把纤细柔弱的都拔了，只留下最肥硕的一两株。还有小豆，母亲说半尺远一棵就行了，太密了晒不到太阳，即使以后结了豆荚，也是少之又少。

　　于是听从父母的劝告。

　　只是刚拔掉多余的苗木时，看着地里一片空旷疏朗的样子，真不习惯。总觉得那些稀稀疏疏的苗木，看起来太薄弱、太孤单了。可不过一月的光景，几场雨水的淋漓，几经阳光沐浴的幼苗，便长得葱葱郁郁、满目苍翠了。

到了收获的季节，玉米棒子又大又长，豆荚也结得密密匝匝。邻里家的田地尽管看着种得密密麻麻，收成却远不如我家，不止玉米棒子小，豆荚也稀稀拉拉的。于是开始佩服父母的耕种智慧。

跟母亲学做锅盔，一面烙得快熟了翻到另外一面时，母亲总会取了竹签，在锅盔上面扎十来个小洞。问及原因，母亲说这叫气眼，不留气眼的锅盔容易起气泡，影响锅盔的美观，也影响口感。

父亲总教育我们，话不能说得太满，需要留三分余地，既是给别人，也是留给自己。说得太满是一种狂妄无知的表现，做事也是如此，不能做得太绝了，所谓过犹不及，物极必反说的就是这个理。

只有懂得留白的人生，才不会陷入痛苦而无妄的纠葛，才不会把自己逼入凄楚逼仄的死胡同。不懂得留白的人，很容易活得烽烟四起，兵荒马乱，很容易跟一些不如意兵戈相向，于生活实在无益。

总为小女的学习焦虑，老师却说不要过于着急，别把她逼得太紧了，每一粒种子都有适合的土壤，慢慢地观察，她终会走到自己愿意走的路上。

大凡那些把生活过得花团锦簇的女子，一定都是在生活里善于留白的高手。在爱情里面，她们懂得取舍，更懂得自爱。尽管真诚真情，但如若看清了事情的真相，便绝不会再纠缠。在生活里，她们不急不躁，懂得给心灵放假，懂得慢下来，懂得放弃一些不必要的繁华和应酬，懂得凡事不能一蹴而就，懂得把性情放养在光阴里，用一生的时光来修炼自己。

这样的她们，在举手投足之间，全是从容淡定的优雅，全是温婉如玉的光芒，全是令人身心愉悦的风情。

太过丰腴的人生，仓促得像一场粉艳粉艳的梦，往往没能开得硕大艳丽，便会随着雨打风吹去，很容易便让人感到厌倦疲惫。就像太过浓烈的爱情一样，没有几个人能够承受得住。因为距离太近，连呼吸之间都会生出缱绻缠绵的味道，一旦有了风吹草动，总是很容易生出草木皆兵、风雨飘零的错觉。而后换来的，不过是彼此的误解和伤害，最后便只能被吹落在北风中。这样的爱情就像初恋，更容易错过。

反而是那些爱你五分、自爱五分的感情，往往更容易开花结果。在一份感情里，只有不迷失自我、爱对方更懂得自爱的人，才能葆有持久的吸引力，才能让这份爱常活常新。一旦距离太近，不但不利于彼此的成长，反而因为捆绑得太紧，造成窒息缺氧的叛逆，给人一种压抑的束缚感，时间一久，适应不了的那一方，终会想着逃离。

生命走到最后，细细回想起来，其实大段大段的时光，都是留白的。人这一生能够记得的，只是那么几个最重要的片断。不外乎你姓甚名谁，出生在哪里，爱过什么人，与谁组成了家庭。结婚生子后，你不过是重复着上一辈的责任，一转眼孩子就大了，你会发现自己也老了，然后一生也就这么过去了。

精彩一些的回忆，不过是曾经为了一些梦想、爱情，执着地坚持过，也追逐过……

可怜当初曾以为会一辈子，可以天长地久，到头来不过自己感动了自己。在几十载光阴的洗礼下，还有什么是不能忘记的呢？慢慢地，那些刻骨铭心都成了云淡风轻，最后似乎连回忆也都淡了。再后来，当你垂垂老矣时，坐在时光的剪影里，再回想着那些前程往事，不过是莞尔一笑。

你的人生，就是你为自己画的一幅国画。所有美好而饱满的生活，不过是用一颗简净、透明而丰盈的心，把无数烟火缭绕的日子，过滤成温暖、真诚、诚信、善意、向上的力量。

人的成长过程，也像学画作画的过程。一笔一画地落下来；填一笔，慢慢涂鸦；再添一笔，细细晕染……很多时候，看似无意，实则落下的每一笔，都是我们人生这幅作品里必不可少的一部分。

也许初始只是笔墨笨拙，稚嫩生涩，密密匝匝，可一旦坚持得久了，你便开始懂得透亮浅淡，开始欣赏画里的留白了。自此你的画也就有了自己的味道，有了只属于你的独特神韵。你也会突然明白，那些曾经的不圆满，都是时光最仁慈的馈赠，那就是光阴赠予我们人生的留白啊！

生活的瞬间

也许前一秒，你想的是遍赏春花秋月，尽览万里河山，品茗吟诗作画；可下一刻，你不得不决战于堆积如山的文件，鸡零狗碎的闲杂，烟火缭绕的现实。

理想和现实哪个更重要？哪一秒比哪一秒更生动？哪一刻比哪一刻更像生活？

其实，都不是。想象和现实总是孪生姊妹，他们都是我们生活必不可少的组成部分。缺少了其中任何一个，我们的生活便会五味失衡，缺少滋味。

春花秋月，万里河山是远方；品茗吟诵，舞文弄墨是诗意；红尘琐碎，烟火缭绕是朴素的日常。而生活，就是远方、诗意与朴素日常的交替出现，如此循环往复，周而复始。没有所谓的哪一刻更好，也没有哪一瞬间来得更为重要。

来到这光怪陆离、五味杂陈的世界里走一遭，待所有的滋味都尝遍后，你才会懂得人生不过是一个接一个的片段，我们总要一边走着，一边忘却。而后一些新的人事和记忆再挤进来，挤着挤着，就密密地填满了我们的整个人生。

　　小时候特别爱吃母亲做的青椒腊肉炒土豆粉。每次放学回来，只要母亲炒那道菜，我在半里之外都能闻到清香，肚子里的馋虫也就早早开始蠢蠢欲动了。到家了后连手也不洗了，径直进了厨房捏了那晶莹红润的腊肉，直接往嘴里塞。母亲总是一边又气又急地埋怨着我不讲卫生，再一边捡了大片精瘦的肉，直往我嘴里塞。

　　还有土豆玉米糊糊，配上母亲自制的芥菜酸菜，再炒一碟青椒土豆丝。那玉米糊糊的香糯、软滑、劲道，再配上酸爽鲜美的农家原生态菜肴，那种回味无穷的美好滋味，我至今仍然念念不忘。

　　可是后来，依然是那些材料，依然是相同的做法，依然是做饭的那个人，可再也吃不出那种滋味，再也找不到那种感觉了。就像鲁迅在《社戏》里说："一直到现在，我实在再没有吃到那夜似的好豆，也不再看到那夜似的好戏了……"

　　所有的记忆，都留在了那个瞬间，无法复制，无法替代，也无法忘怀。这些都是定格了的瞬间，它会一生都占据着我们的回忆。

　　还有一些瞬间，像高天的流云，被风吹着吹着，就远了，薄了；像爱情、疼痛、伤害、酸楚，也包括那些在当时感觉无法承受的绝望。

　　还记得送父亲最后一程，所有人都走了，我孤单地坐在他的坟前，哭一场，又一场。那些痛楚像锥心的银针，也似刮骨的钢刀，当时我以为自己活不下去了……

可如今，在父亲十周年的忌日上，我安静地烧着纸钱，就像父亲在世时一样，小声地与他拉着家常……

曾以为，年少时那场惊心动魄的爱情，会是一辈子的刻骨铭心。只是斗转星移，此去经年，走着走着终究还是瘦骨嶙峋了。

每段故事发生时，都好似名动洛阳、艳冠群芳的牡丹，曾经那么丰硕肥大，国色天香，羞煞蕊珠宫女。待到曲终人散帷幕落下时，也就格外地凄冷荒凉，格外地让人痛彻心扉，格外地让人难以接受。当初有多盛大，落幕时便有多惨痛。但是等你隔了一段时光的距离，再回头看时，一切却在不知不觉间，早已变得云淡风轻了！

你能说谁比谁更薄情，谁比谁更健忘吗？

当然不是，在我们漫长的一生里，总要经历太多的雨打风吹，生活需要删繁就简，更需要除垢、减负。如果所有的事情都记得，囤积得太多了只能是一种负累。特别是那些不愉快的经历和打击，一定要以最快的速度忘记。只有这样我们才能迅速地站起来，以身轻如燕的姿态继续前行，这样的灵魂，才会闪着纯净而迷人的光芒。

去参加一个五年未见的儿时密友的双十八生日宴会，办得比她当初的婚礼更隆重。看到她穿着特别喜庆的酒红色旗袍，眉开眼笑地招呼着我们这些老朋友，整个人明艳得像一朵石榴花时，我走过去紧紧地拥抱着她，半天说不出一句话来。

儿时的她，母亲卧床久病，她一直缺少温暖的亲情陪伴，个性便极为清冷。对常人总是爱理不睬的态度，但对我是个例外。

还记得上中学那会儿，我们同吃同住，形影不离，有她的地方必然有我。在很多个月色皎洁的夏夜里，我们一起爬学校的围墙，然后去无人的河里洗澡，那时也真是天不怕，地不怕。别人说我一句，她总是一马当先地与别人争到脸红脖子粗，比我还不乐意呢。

我以为我们一生都会好下去，可初二时她母亲突然病逝，我听说后即刻去看她。她呆呆地坐在母亲的灵柩前，竟像傻了似的不哭不言，一动不动，对所有人一律视而不见。

她父亲知道我们要好，怕她憋坏了，让我好好安慰她，哪怕让她大哭一场也好。

我走过去紧紧握住她的手，原本并不想再惹她伤心，可我却还是未语泪先流了。

她看到是我，一下子便扑进我怀里紧紧地抱住我，抽泣了半天，最后终于"哇"的一声哭了出来，然后沙哑着嗓子对我呢喃着："你知道吗？我没有妈妈了，再也没有了！"

我陪着她一起号啕大哭……

从那以后，她变得越发安静寡言了，连我亦是不再多语。她的眼神里总是弥漫着忧郁的悲凉，我知道她心里难受却又不知道如何安慰，面对她人生里如此沉重的打击，除了默默地陪伴外，便只剩束手无策了。

没过多久，他父亲为了不触景生情便申请了工作调动，她随父亲一起离开小镇，去了外地，后来我们就失去了联络。虽然中间也断断续续得到过的她消息，但不知何故，她却不愿意跟我再联络了。

后来又听说她结了婚，只是很快，又离了。

我们自失联后第一次见面，是在回老家的班车上。我上车时她已经坐在那里了，我的座位就在她旁边。那时她离婚不到一年，不止面容憔悴，神色萎靡，而且整个人比实际年龄要老上十岁。

她怔怔地看着我，我也目不转睛地看着她，然后我们异口同声地说："真巧。"

那天我们聊了一路，听着她不带一丝感情地自述着离别后的经历，仿佛讲的是别人的故事。我几次湿了眼角，而后也讲了我的心酸经历。

她非常惊讶地看着我，说："你若不说，谁能想象得到，你承受的竟然一点也不比我少？我第一眼看到你，还以为你生活在蜜罐里，一定是被生活宠得无法无天了，否则哪有这样的韵致？"

我微微笑了笑，轻轻地拍着她的手说："你也可以！忘了过去，忘了那些不愉快的经历，这不是你的人生。你不应该承担那么多的悲伤，既然过去了，就都让它过去吧，让往事随风吧！别再被那些坏情绪所左右了。以前的人生，都当是生活对我们的考验吧；以后，我们要努力地去考验生活了。"

她紧紧地握住我的手，我们做了一个五年的约定。

如今看到如此旖旎而妙曼的她，叫我如何不感动？那天场面十分热闹，我们喝了不少红酒，从农家乐回城时已是万家灯火。

我们手拉着手走在倾城的月色里，秋风微微地吹着，我们对视一眼，再会心一笑。只觉得这一刻那么美，眼前的她也那么美，我自己也那么美，真是美得芳华绝代，甚至倾国倾城了。

你看，这就是生活，每一刻都有一个不同的景致，心情、感悟和变化；每一刻都会呈现出不同的悲喜交集，五味杂陈；每一刻与上一刻都不会重复。

也许你正处在花团锦簇、旖旎生香的良辰美景，却晴天一个霹雳，你便会被生活的响雷击得晕头转向。但不管天空如何风雨交加，隐晦冷瑟，只要不气馁，不与现实自暴自弃地去妥协，只要愿意面朝大海，你总能看到春暖花开。

生活从来都不是同一种表情，春光明媚、蜜里调油是它；苦涩无比、难以下咽也是它。嬉笑怒骂、泼皮耍赖、一蹶不起、颓废萎靡、踌躇满志、奋发图强、平平淡淡、细水长流……这些统统都是生活赋予我们的表情。我们的人生，不过是由一个又一个的瞬间，一个接一个的片段组成。以哪种面目示人，是你自己的选择，日子本身并不担当任何重责，它只会悄然无声，不动声色地急速向前飞驰着。

无论你愿意与否，生活从不对我们妥协，它不会因为你长得漂亮，心生怜惜就多宠爱你一分；更不会因为你相貌平凡，就以一己之恶而对你百般虐待。能否得到它的宠爱，得看你是否足够努力，是否足够智慧。

倘若你想与生活使性子，轻者生活会对你小惩大诫，一记响亮的耳光便把你打得眼冒金星；而如果你还不知悔改，不知道珍惜生活，那么它就会变成铁面无私的阎王，一下子便把你打进十八层地狱，想翻身都难了。

　　走过经年，蓦然回首时，你才突然发现，仿佛只是一眨眼的刹那，我们在一个接一个的瞬间，突然就老了；反倒是那些如飞的日子，单薄得像一阵风。至此你方明白，人生只有有了经历，才能变得愈发厚重；而记忆，一定要越走越单薄。好的就留在回忆里，成为我们一生砥砺前行的加油站；而那些坏的，就统统忘掉，让往事随风吧！

为自己点一盏心灯

谁是照亮你心灵的那盏灯？是一句让你坚信不疑的至理名言，还是一个风雨兼程、永远砥砺前行的赶路人？

汪国真说："没有比人更高的山，没有比脚更长的路。"

美学家朱光潜说："这个世界之所以美满，就在于有缺陷，有希望的机会，有想象的天地。"这些名言，无一不在告诉我们，能够主宰我们的其实只是自己。做什么事，成为什么样的人，都是自己的选择；只要内心的信念不熄灭，我们就能走向远方。

真正能够照亮我们人生的，其实只有自己；没有比心，更明亮的指路明灯了。

还记得那时参加自考，很多人都以一副狐疑的眼光看我。甚至有人说："你还是别浪费那个时间了。"可我不信，一意孤行。人生是我自己的，为什么总是被别人的语言左右？我下定决心，不到黄河心不死，就是凭着内心坚定不移的信念，我终于拿到了想要的结果。

领毕业证那天，我以为自己会哭，然而没有。一个人去了海鲜酒楼，点了一大盘子的海鲜，想着那些披星戴月的日子，我为我的往事干杯。

还记得那个大雪纷飞的日子，与文友围炉闲话。我们谈人生，谈理想，谈自身的价值，当大家问到我时，我不假思索地说："我以后的人生，只希望能成为照亮自己的太阳，成为黑夜时窗外的明月光，希望自己越来越好，这样就足够了！"

到了如今，经历了一些事情，我愈发地清醒了。每个人都不知道自己到底能走多远，但只要你愿意一直往前走，只要自己不放弃，永怀希望，相信美好，你就有机会看到花团锦簇的春天，看得见窗外的明月光。心灯就是我们人生的指路标，一旦自己失去信念和希望，只能是浮云蔽日，长安不见使人愁。

生活的智慧无处不在，只要你愿意相信，总有意想不到的收获，记起曾经发生在我身上的一件小事来：

那是几年前的盛夏，母亲从乡下来看我。

她不熟悉城里的路，我也怕她走丢，每次照例迎来送往。眼看她乘坐的车次到站已经很久了，我在出站口久等，却并未见到那个熟悉的身影。打手机还无人接听，我一边焦虑地等待着，一边忐忑不安地在出站口等候。

如此又过了十来分钟，才看见母亲背着帆布包，提了一个宝蓝色看起来很重的大塑料袋子，颤巍巍地往外走。

我三步并作两步赶上前去，看到母亲额前的刘海已被汗水浸湿了，豆大的汗珠还在一颗颗顺着脸颊往下淌。

我立刻掏了纸巾递给她，母亲抹了额头的汗珠后，继续伸手去提那个袋子。我抢着要提时，母亲却说："还是我提着吧，你久不干农活，太重了你提不动。"

我执意要提，母亲不让。

我只好卸下她的背包背上，然后有点好奇地瞅着那沉甸甸的袋子问她："你提的是什么，为何那样沉？"

母亲抿嘴笑了："看你喜欢养花，春天时菜地里长出一株野兰草，前段时间开花了，蓝艳艳的，好看得很呢！这次来时我就寻思着挖了给你养，但考虑到夏天太过燥热，水分又蒸发得快，我怕兰草伤了根后不能成活，于是连它根部的大块泥土都一起挖了。"

"唉！"我深深地叹了口气，尽管感动，尽管知道她是出于母爱，却还是忍不住地埋怨着，"真是的，那么远的路，还要转两趟车，也不怕沉。再说我这离花市很近，买花是件很容易的事情。况且这大夏天的，多半也是养不活的。"

母亲原本洒满阳光的脸，突然就暗淡了，一路上默默的不再说话。

我见母亲沉默了，便后悔自己刚才无意的唠叨，好在母亲也不像生气的样子。

到家之后，母亲放下行李，还没顾得上喝一口水，便径直提着兰草去了阳台。我几次喊她喝水，她都说不渴，要先栽好兰草再喝。

我知道母亲的固执，便由着她去了。

但从心里讲，我一点也不看好那兰草。就在几年前，我曾在这个时节移栽过好几株棕竹，可惜最终一株也没能活下来。我猜想着这兰草多半也会是一样的宿命，但又不想再打击母亲，便不再说什么，转身去忙自己的事情了。

从那以后，母亲每天都要去阳台上好几趟，我知道她是想看看那兰草成活了没有。

头几天，兰草一直蔫蔫的，叶子无精打采地低垂着，像医院里的病号。可母亲并没因此气馁，还是一天几趟地看。她知道根部不能多浇水，便每天午时给叶面喷水，而且还悉心地用抹布把叶片擦得一尘不染。

半个月后，功夫不负有心人，兰草耷拉的叶子终于开始慢慢挺直了。母亲的脸上也开始有了轻松愉悦的笑容。又过了半个月，兰草发了新枝，母亲便无比灿烂地对我说："你看，这不是活了吗？我就不信，种了一辈子的地，我还养不活一株花。"

听着母亲纯朴而固执的话语，我有那么一丝恍惚，这多像年轻时的我们！

年轻的时候，我们总是什么都信，总觉得只要自己努力，就会所向披靡，无所不能。可是走着走着，能让我们坚定不移去相信的事情，便越来越少了。更多的时候，我们害怕失败，计较得失，平衡付出，渴望回报。而一旦遇到暂时看不到结果的事情，总是反反复复地去纠结，去评估，再也没有年轻时那份不管不顾，勇往直前，不问结果的勇气和信念了。这也是为什么多数人到了中年以后，身上那种纯粹而简单的东西，就越来越少了。

真是江湖愈老心愈寒，总觉得自己学聪明了，变成熟了；殊不知怀疑摇摆，犹豫不决对于理想、爱情、工作来说，都是贬义词。更多的时候，因为不信，因为总活在阴影里，所以更容易看到生活里那些尔虞我诈的逼仄，从而陷入兵荒马乱的泥泞。

对于人生而言，信与不信，都是各占百分之五十概率的选择题。无论你选择哪个答案，输赢都只能各占一半，为什么不去给相信下注呢？

如此说来，相信就是星火、希望、阳光、春风，是那黑夜里寻找光明的眼睛，总会闪着熠熠生辉的光芒。就像此时，我用文字编织一些美好的情愫，给人们带来饱满的生活希望。并不是不懂生活真相，故意混淆视听；而是我觉得唯有希望和阳光，才能让我们的生活变得更美，才能让我们自己变得更好。

我喜欢这样温暖、宁静、向着阳光的感觉，像太阳花，也似向日葵，更似窖藏了很多年的女儿红，总是透着灿烂明媚、温暖生动、香醇绵长的回味。

李商隐说："春蚕到死丝方尽，蜡炬成灰泪始干。"这种感觉，不应该只是爱情里的千古绝唱，它更应该唱响我们的生活，照亮我们的人生，成为不断实现自我，超越自我的那盏心灯。

慢下来，一切都来得及

细雨缠绵的秋日黄昏，焚了檀香，和友品茗看京剧《王宝钏》。

演到第五折时，薛平贵上台不说不唱，也不见其他演员，倒是喧天的锣鼓，配着他铿铿锵锵的动作，在台上蹬蹬跶跶好几分钟。

友急了，埋怨着："这都什么剧，慢得我都打盹了，换台换台。"

我笑着打趣："你急什么？人家王宝钏一等就是十八年，你这不过几分钟？"

友愣了一下，随后翻了我一记白眼，娇嗔而不屑地抢白道："千年来出了个王宝钏，否则历史哪来的故事？她那样的女人，是人间极品。若放到今天，谁有闲工夫跟他啰嗦，虚耗十八年？除非脑袋被驴踢了，白花花的青春，水一样的流啊！朝来红颜暮白发，哪个女人的光阴，经得起如此蹉跎。"

抢白归抢白，但也知道友说得是实情，却还是忍不住万分伤感。

从前很慢，慢得可以看到日光一寸寸向西移动；还有那两三年才能一遇，静谧、深邃，美得像梦中童话的蓝月亮；与萤火虫追逐；静静地倾听青蛙、蟋蟀、蝈蝈的私语……

可如今，已不记得多久没看过星星了，更不要说看蓝月亮，欣赏夜的交响曲了。

从何时开始，我们的生活，我们的人生竟然变得这么急不可耐，仓促焦虑？变得这么争分夺秒，马不停蹄了？

望子成龙，望女成凤，无论代价多大，都要给孩子选择优质名校，绝不输在起跑线上，仿佛慢了一步，便会慢了一生。

常常只有两三岁，还是一脸稚嫩懵懂的孩子，已被我们强行早早送去入托，上早教；到了正式入学的年龄，学校的基础功课不算，还有形形色色的各种课外培训班，英语、书法、艺术、计算机……一门门地补着。孩子没有周末，没有假期，没有睡懒觉的时间。一刻都不能放松，累得常常写着作业便能睡着。

尽管如此，我们还嫌不够，恨不得把书本撕了，直接塞进孩子的大脑里去。

于是原本活泼可爱的孩子，只能顶着熊猫眼，耷拉着脑袋，面无表情地在家长的抉择里，把自己抽打成急速旋转的陀螺。很多时候，我常常感到迷茫，我们这一代人，在孩子的成长过程中，究竟扮演了什么角色？

我们总是一边无情地加速着孩子的成熟、苍老，却又常常惋惜地感叹和诧异着："现代的孩子，可真是少年老成，什么都知道，比我们那时成熟多了！"

而后的时光，依然是一路急赶着。

急着就业、出名、结婚，再急着离婚，甚至有一些人，经不起任何风吹雨打，只要生活稍不如意，竟然要急着去赴死……

急着急着，就再也静不下来了，急就成了我们生活的常态。开始是心浮气躁地急不择言，而后急功近利，急于求成，最后只能急不择路。急到不能再急时，迎接我们的只能是人生里的疾风骤雨了。

曾在午夜时分，接到远方朋友的来电，她无限伤感地对我说："亲爱的，我还在机场候机，你知道我此时有多累吗？今天到此时为止，我已跑了三个城市，签了五份合约。我真的好想轻轻松松地睡一觉，不想再走了！可如今我已停不下来了，只要稍微停顿，我怕历经千辛万苦才建立起来的商业帝国会土崩瓦解。

"如果那样，我将死无葬身之地！真是无人诉说，无可诉说，不能诉说，此生也只有你，唯有你能听听我的心里话了！"

临挂电话时，她特别伤感地对我说："如果，有来生的话，我一定不再做商人！"

听着她悲凉深沉的话语，除了聆听，除了陪着她一起叹息，我找不到半句安慰的话语。

那个深夜，挂了她的电话，我透过薄纱窗仰望着天空那牙冷冷的弯月，陷入良久的沉思中。

人这一生，到底为了什么？

总是像潮水一样，马不停蹄地急速向前奔走着，甚至不敢喘息。有的为名，有的为利，还有的成了金钱的奴役，当然也有一些理想主义者，是为了心底的那份情怀……

　　可是很多人匆匆忙忙地奔走了一生，做什么事情都是一副风风火火的样子，到头来也不过是两手空空，并没拿到自己想要的结果，甚至还会因此而备受挫折和打击。而也有一些人，遇事总是不急不躁，走在人群里一点也不起眼。你以为对方只是碌碌无为的一个人吗？可私下一打听，从容不迫只是人家的生活习惯，人家早就把事业做得风生水起，生活过得行云流水了。

　　这让我想到我的小丫，走路常常像一阵呼啸而过的风，不但经常被跌得腿青胳膊肿，而且还会被我严厉训斥。丫头也贪吃，每次刚刚出锅的饭菜，总是被她急不可耐地塞进嘴里，可没过片刻，便被烫得龇牙咧嘴的，再"哇"的一声吐了出来。尽管她已苦不堪言，可还是会被我批评。

　　在三十岁之前，我做什么事情也是一副风风火火、毛毛躁躁的样子，并没有现在的安静沉稳。我常常对自己说："我真正的人生，是从三十岁开始的。"还记得吃亏最大的，当数那次盲目的投资。因为没有经验，先签了租房合同，而后只能急着找货源，急着装修，急着开业……

　　原本以为会门庭若市，可一切都不是我设想的样子，因为准备不充分，开业后每天坐在店里，门前冷落车马稀，急得像热锅上的蚂蚁，可终是于事无补。不但如此，因为太着急，心理压力过大，还住进了医院……

　　那可真是一段惨不忍睹的时光，后来每每回想起来，我知道一切的根源就在于自己太着急了。老家有句民谚："心急吃不了热豆腐。"自我们小时母亲就说："做什么事情都要有条不紊，不能太着急，急了便会坏事。"

可我到底还是急了！

人就是这样，很多道理都懂，可一旦实施起来，全然是另外一回事。

听朋友讲她的故事。

年轻时她爱上一位男子，觉得自己要疯了，便忍不住去对他表白。

可男子却一脸错愕地说："在爱情里，表白这样的行为是需要交给男子来做的，女孩子还是矜持一点好，我喜欢矜持的女孩子。其实我对你还是蛮有感觉的，你若不这么着急，也许我会爱上你，但你这样的急不可耐，倒让我怀疑你的爱情观，怀疑你的真心了，因为爱情从来都不是一件随便的事情。"

从此再不理她。

去看旗袍秀，那些走台的女子，都是不疾不徐，端庄优雅地迈着小碎步，就连举手投足之间的动作，也都是幅度极小，轻悠缓慢。然而也正是那不惊不扰、慢悠悠的动作和表情，才呈现出满满的风情，才更魅惑人心。

友走在众人面前，一直是个优雅风韵的女子。原本以为那种优雅，只是呈现在外人面前的一种表象。去她家做客时，就连套个垃圾袋，她都要慢慢悠悠地在袋口打个结，问及原因，她微笑着说："这样袋子就不会掉下去，往外提的时候，也不会弄得满地狼藉。"

那一瞬间，我被她彻底征服了，只觉得这样心细如发的她，简直太美了！

能这样用心生活的女子，生活何曾亏待于她？怪不得她那么优雅，那些美好，全是慢慢在时光里浸染出来的。

　　受到她的启发，从那以后我的急性子也慢慢收敛起来了，无论遇到什么事情，都开始学着三思而后行。

　　也正是懂得了慢下来，反而更容易看清自己的真心了。竹子破土之后，之所以一天能长三四十厘米，全是因为它们懂得要想长高，就必须得把根须深埋。在没长出地面前的那一千多个日日夜夜里，它们都在努力地向地下扎根。

　　慢是积蓄、储备、成长；是从容、矜持、笃静、优雅；是智慧、修养和风情；是尽管在黑暗里被冰冷埋没，却有着自己硕硕风骨的莲；是春天里柳面不寒的徐徐微风；是两三点雨山前的惬意；是波澜不惊，静水流深的沉稳和深邃。

　　所有慢下来的事物，都有一种别致的韵味。慢时光，慢生活，我们慢慢活，再慢慢地老。慢着慢着，一切都有了自己的味道。

　　人生就像熬汤，需要细火慢炖，汤的滋味才更加馥郁浓烈。好的人生，一定不能着急，你只需要把自己静静地放在光阴里，拿生命之火慢慢焙着，苦涩过后，才会散发出沁人心脾的幽香。

素心向暖，清净如莲

　　三十岁前，并不懂得朴素的好。那时候总喜欢花红柳绿、春华满枝、锦绣璀璨、硕大艳丽，喜欢被赞誉和掌声包裹，喜欢被别人注目，喜欢在人群里招摇过市。

　　还记得上小学时，年年站在高高的领奖台上，抱着那红灿灿、烫了金字的荣誉证书，我笑得像春天里灼灼的桃花。那感觉真是既兴奋又自豪，仿佛自己就是那旗杆顶端猎艳艳的红旗，一直在空中飘呀飘！

　　十八九岁时，自己能赚钱了，每次发了工资喜欢买带有蕾丝花边、绣满各种小花、款式复杂华丽的衣服。常常把自己打扮得像个花仙子，只觉得那样才是百花盛开、鲜艳明媚的春天，才是青春应该有的样子。

　　那天无意中翻到一张已经泛黄了的老照片。我画了彩妆，头戴花环，穿着金丝连着绿叶、全身缀满粉色小花的华丽白裙，在一片火红的石榴花前提着裙袂明媚嫣然的样子。看到的那一瞬间，自己"扑哧"一声便笑了，那简直是演出服嘛，怎么能穿得出去？

　　那时也真是夸张，真是"勇气可嘉"，真是年轻得无所畏惧。如若放到现在，那样的衣服，绝对是穿不出去的。尽管那张照片已经旧了，但有些往事和心境，却永远在照片里封存。

过了三十岁以后，便愈发喜欢朴素了，喜欢穿白衬衣，穿没有过多装饰、款式大方简洁的棉麻衣裙，尽管走在人群里一点也不出众，但却有着自己的味道。不追赶潮流，不标新立异，但也不庸俗粗糙。

也不再呼朋引伴了，人说衣不如新，友不如旧，朋友还是老的好。时光会过滤掉一些水分，很多杂质和污浊在光阴的淘洗下，都会澄澈透明。最后剩下的，必然是最值得保留的部分。

对于友情，我一直信奉路遥知马力，日久见人心。

很多朋友都是十几年前的，尽管不常联络，但真正的朋友并不会世俗地人一走茶便凉。更多的时候，是无声胜有声，是此中有真意。无须更多的语言，所有的情谊都在静静流淌的光阴里，成了一坛陈年老酿，一旦开启便会散发出沁人心脾的幽香，酒不醉人人自醉。

去年夏天去北京办事，行程安排得过于紧锣密鼓，自然无法与朋友相聚。

路过天安门广场时，随手拍了一张照片发到朋友圈。本意只是为若干年后多留一点可供回想的记忆，恰巧被一个五年未曾见面的北京朋友看到，立刻来电相询。

我详细地告知了行程安排，只能非常遗憾地对友说："下次再聚吧！"

令我意想不到的是在我离京那天，友竟然算着我的时间，驱车两个多小时，直接赶到了机场。

见到她的一刹那，我眼眶湿润，心潮翻滚。

她微笑着塞给我一堆礼品，细细数着："这个给孩子，那个给老人。就是有点辛苦你，得扛行李了。"

我愣愣地看着她，只"嘿嘿"地笑着，半天一句话也说不出来。

那天下着瓢泼大雨，我们在机场咖啡厅坐了半个小时。只记得她说："这么多年没见，就是想看看你。哪怕只是一眼也好，你看，真是岁月不饶人啊，转眼我们都老了！"

很快我的眼圈又红了。

眼看快到登机时间了，她送我到安检口，并且拿手机拍了我的背影。那张照片，至今仍是我的手机壁纸。

在我遇到困难时，向那些素日里簇拥环绕的朋友求助，很多都以各种理由推脱。那一刻我真正体会到为什么总有人说人性寒凉，内心空茫到一定程度时，岂止觉得人性寒凉，简直是寒冰。

而当我求助于原本只是泛泛之交的梅时，她二话没说，很爽快就答应了。十分钟后，我的手机便响起了转账信息。

后来我问她："何以这样信我？"

她说："凭我对你多年的了解和观察，因为懂得，所以信任。"

尽管那天零下八度，可我心底却燃起了一团火。

只有经历，才能让我们看清世间真相，看懂人情冷暖，看到生活的真味。

于是从前那些繁花似锦、呼朋引伴的日子，便真的一去不复返了。以前总以为有很多朋友，可遇到困难时，才真正懂得了能急你所急、想你所想的人，实在不多。朋友无须太多，能够真心待你的，有那么三两个，已是几生修来的福气。

日子落到朴素的日常，落到烟火里的一日三餐，就应该是静的。居家过日子，不外乎她家包饺子，你家炒青椒腊肉，谁谁又做了红烧肉，满院子都能闻到扑鼻的清香。可一旦关起门来，便各吃各的菜，各是各的味。

你的五味杂陈，她的花团锦簇，彼此并不相干，甚至都扯不上一丝一缕、一分一毫的关系。

生活越简单，便会越快乐。你看那些懵懵懂懂、稚嫩可爱的孩子，永远都是一副天真烂漫的表情，谁见了会不喜欢？

即使前一刻被父母骂了，泪如雨下，可只要给一块棒棒糖，便能转瞬破涕为笑。他们的情绪来得快，往往去得也最快。因为简单，不止他们自己快乐，就连身边的人，也会跟着快乐。一个孩子，就是一个家庭的开心果。

当一颗心无太多染尘的俗念时，便真正能安静下来了。

安静时，焚了香听古琴，或者古筝曲。在很多阳光明媚的清晨，我常常靠在窗台上，眺望着远方延绵起伏的终南山独自沉思。坐得倦了，再在那些空旷悠远、缥缈得像浮在云端的曲子里，认真地敲打着一些深情厚谊的文字。

余生，我要一笔一画地记录着古城的春夏秋冬，饱含情韵地抒写着人生里的酸甜苦辣；然后再悠然、优雅地老去。当然更多的时候，我笔下的文字，总是闪着人性里温暖而灼热的光芒。

前几天一个读者留言，说我的文字温婉，既有浪漫唯美的纯真，也有与年龄极不相符的老成，但总体来说还是闪着温暖而人性的光芒。

太过浪漫和诗意，是对生活的一种误导；但太凛冽苍老，很容易让人丧失对生活的信心。把两者结合在一起，倒是我乐意看到的世界和人生。我更愿意这世间的每一个人，都能生活得温暖幸福。

也有人说我不食人间烟火，当然不是。更多的时候，我依然似一团烟火地活着，冲刷洗涮，煎炸炒焖，样样在行。冬至的时候包了萝卜馅的饺子；夏天会做孩子爱吃的香辣小龙虾；周末常常烧色香味俱全的菜肴，有时也会煲一锅浓汤……

每次看着小丫狼吞虎咽的样子，心底便会开满了密密匝匝、盈盈浅笑的幸福花朵。

这个冬天，我养了铜钱草、白掌、碧玉和绿萝。看着它们葱葱郁郁的模样，心底那些温情的暖意，就更蓬勃了。

有文友打来电话劝我多出去走动，他好心提醒：“你得多出去走动，让更多的人认识你。”

我笑着回应：“我喜欢清静地待着。”

他接着说：“如果你只是自己待着，那你写书做什么？”

我笑着说：“那只是我记录生活的一种方式。”

他又说：“如果谁谁都像你一样，那谁谁也不可能出名了。”

我依然笑着告诉他：“名利对我来说，有了，我会小心捧着；如若没有，我亦不会违背自己的初心，去做一些自己并不喜欢的事情。"

他郁闷地挂了电话。

我看着墙角处的竹篮里，那束早已被时光榨干了水分的干莲蓬，心底升腾出无限的敬意。尽管它们的生命早已是一种凋零的存在，可它们分明却又活着，活得那么风姿凛然，孤芳自赏；活得那么傲骨铮铮，坚韧饱满。

我的前世，也是一朵莲吗？

今生今世，我不知道自己能否成为清净如莲的女子，但在这污浊的尘世烟火里，我一定要努力把自己塑造成莲的模样。

端丽纯粹，自在淡然；清醒自持，坚韧饱满；素心向暖，清净如莲。

且向花间留晚照

　　且向花间留晚照，多么静谧、唯美、深远、柔和的一幅画啊！

　　宋祁说："为君持酒劝斜阳，且向花间留晚照。"本意是在百花绽放、姹紫嫣红的春天里，感叹流年似水，光阴易逝，希望能把最后一抹晚霞、夕照留在最美的时光里。

　　所谓春花易逝，时光匆匆，季节流转，情爱凋零，面对这些无法把握的美好和缘分时，除了珍惜当下，我们便真的无能为力了。但也有一些事情，是我们能够选择和把握的，比如说人生追求、自我成长、精神向度……

　　我以为，把这样诗情画意、珍惜光阴的情怀用到女子身上，当是对她们这一生里才情、品性、人格的最高赞誉了。

　　一个女子，如若待到日暮西山垂垂老矣时，还能有"暗香浮动月黄昏"的雅致静美；还能有逆风过境，不肯吹落北风中的铮铮傲骨；还能保持着饱受红尘烟火熏染，仍能初心不改的简净朴素；还能拥有纵使历经风雨飘摇，仍能用矍铄明亮的眼光看世界的乐观心态……大凡做到此中一条，便如空谷幽兰，也似香雪寒梅，总能散发着沁人心脾的幽香，让世人回味无穷。

飘落的思绪被风吹远，翻开历史，古往今来多少蕙质兰心的女子，一生都在孜孜不倦地朝着那个方向探索努力着。她们都是鲜艳明媚的花朵，她们更是人间的精灵，总是不遗余力地雕琢自己，从而把个体生命里最美、最高尚明亮、最优雅迷人的韵致，都留在了人类历史的漫漫长卷里，成了永不褪色的春景，实现了且向花间留晚照的夙愿。

江南真是山水灵韵，不止无数文人墨客喜欢、帝王将相流连忘返，就连女子也对西湖格外钟情。去西湖旅游时已是初秋，然而江南依然是一片草木苍翠、绿浓花香的蓬勃景象。仿佛就连秋天对江南也格外偏爱，难怪杜牧要说"秋到江南草未凋"了。

从西泠印社出来没走多远，便是西泠桥了，过了西泠桥后便是非常著名的六朝南齐歌伎苏小小的墓，也就是慕才亭即在眼前了。

相传苏小小当年父母早逝，家道中落后她便变卖了家产，居住在西湖的西泠湖畔。由于幼时饱读诗书，之后便成了一名非常出色的诗伎。苏小小生得姿容瑰丽，才技超群，品性更是高洁雅致，生前极爱乘坐油壁香车出行，身后常常跟着慕名的青年才俊，这才有了她墓碑上空的慕才亭。而慕才亭上"金粉六朝香车何处，才华一代青冢犹存""千载芳名留古迹，六朝韵事着西泠"等众多赞誉她姿容、才情、品性的楹联，就是她短暂一生的真实写照。

真不知道这是何等倾国倾城、才艺绝代、性如青莲的绝世幽芳。一个出身青楼的女子，却能洁身自爱，在千百年后还能够获得如此众多文人雅士的赞誉，实在令人敬佩。可惜真应了那句古话，自古红颜多薄命，她在如花的十九岁便香消玉殒了，只留下一缕香魂在人间，让世人唏嘘不已。

这样的女子，就是人们心头永远也不会凋零的花，她们的才情、美貌、性情就是她为自己人生留在花间的那抹夕阳。还有忠贞爱国的柳如是、为爱不屈的李香君、才情卓越的李清照，都是且向花间留晚照的女子。尽管她们死了，然而她们却又活着，她们的精神将永留人间。

提到这样的女子，最让人眼花缭乱、应接不暇的要数民国时期了。由于新思潮的涌入，女性思想得到解放，中国的女性由此开始登上历史舞台。一时间民国的优秀女子，犹如雨后春笋般冒了出来，简直就是一道亮丽无比的风景线。张爱玲、林徽因、陆小曼、唐瑛、萧红、吕碧城、孟小冬，简直是数不胜数，把哪一个单独拉出来，都是倾城丽日，都是一朵猎艳艳的花，都有让人过目不忘的妖娆和明艳。

而我最喜欢的民国女子，要数张爱玲了，不仅爱她的文字，还因为她的性情。从小到大，我从未收藏过明星的海报，但对张爱玲却是例外。那张彩色海报，是白落梅写张爱玲的传记《因为懂得，所以慈悲》里随书赠送的，打开的一瞬间，便爱到了极致。

海报上的照片是张爱玲的侧脸半身背影。大波浪卷发被梳成菊花状的发髻，灵动地挽在脑后，她微低着头，像是闭目浅思。穿了一件墨绿色镶了黄边，印了绿叶配着蓝色花朵的旗袍；涂了玫瑰色的口红和眼影；耳朵上戴了金色轮状，四周镶了蓝宝石，中间镶着白珍珠的耳环。

这样的形象，与我臆想中的张爱玲便不谋而合了。那真是一个至情至性，骄傲自持，却又冷峻到令人心酸，甚至心疼的女子。

总之，她像一匹微凉的绸缎，华丽、夺目、高贵、底蕴深厚然而又极其脆弱。

张爱玲的一生，本就是一部跌宕起伏的小说，华丽和寂静并存。不管她愿意与否，因为她卓越的才华，注定逃不开人们的视线，纵使她选择远走天涯，但她的智慧之花也一样成了世人眼里最为惊艳的。

我曾无数次凝视着这张照片，陷入了沉思：如若再回到那年，在花影深处能有那个深情款款地对她说着"因为深爱，所以懂得"的人与之相知相伴相怜惜至一生，照片里的她，会不会转过身来？会不会在某处花丛里，也留下她最美的花间晚照？而不是身在异乡，孤寂飘零地走到生命的终点，数天之后才被他人知晓。

林徽因一直被世人称颂，不止因为她的才情，还因为她圆融的生活、理想的事业、心仪的爱人。她恐怕是那些民国女子当中，活得最收放自如的一个了。

不得不说的，便是颇具争议的陆小曼。

年轻时的陆小曼是一朵美丽的罂粟，明艳动人，才情卓越，喜擅交际，十里洋场无不为她倾倒。年轻的她固然美丽，但那种美终是带着邪恶的毁灭性。尤其与王庚离婚与徐志摩再婚后，因为她的无度挥霍，致使他们的生活经常陷入困顿。

徐志摩去世之后，她反而一改过去的奢靡。从此闭门谢客，潜心作画，认真整理徐志摩的诗稿，再也不出去交际应酬了，这样的她反倒叫人生出了几分敬意。

特别喜欢董卿，温润典雅，大气端庄，沉稳机智。她已成了春晚不可缺少的一道风景线，尤其在看过由她主持的《诗词大会》《朗读者》等节目后，愈是觉得像她那样知性优雅的女子，简直美到不可方物。如果所有的女子都是花的话，她一定是最大气端庄、最有内涵的那朵。

人这一生中到底要经历多少凄风苦雨、困苦波折？没有人能提前预知。但总有那么一次经历，会让你在心底产生巨大的震撼，而后你终于学会了静下心来，朝着一个方向，潜心虔诚地去做一些事情。

在一缕春风、十里荷花、几缕清歌的陶冶下，你开始有了自己的味道，然后再慢慢把一些心殇和无数凌乱都变成寒冬里的那缕暖阳，于是你逐渐有了自己的风骨气韵。慢慢地把自己养在光阴里，慢慢地与一场花事相逢，慢慢地绽放成最美的样子……

这样的感觉，多美啊！

寒来暑往，冬去春回，这世间所有的花间旧事终会随着流年渐远。生命只是一季花开的时间，只有好好地活在当下，努力地向阳而生，你的生命之花才会开得硕大艳丽。

若到你步履蹒跚时，还能不怨流年，不悔当下，那也当是你此生留给自己最美的一张照片了吧！

静静地绽放在光阴深处

绽放是一个动词，且是慢动作，在恍然不觉的静谧中，它总是静默舒缓地悄然变幻着。等你隔了一段时光的距离再回头看时，它早已是一片水草丰盈、满山含翠、姹紫嫣红的葱葱郁郁了。

就像早春山野里那星星点点的山桃，也许前几日你去时，还只是豆粒大小的花苞，可不过几日的光景，你再去时已然满山染霞了。你不由得心生感动，这样热烈地绽放，多么盛大迷人；这样的景象，简直美得恍若隔世。

尽管那些绽放的过程，无法被我们的目光一一摄取，但那些鲜活生动的变化，还有坚韧饱满的力量，就那样真实地存在着。那是一种自发的力量，蕴含着无限的潜能和蓬勃的生命力。

都说女人如花，如果用绽放一词来形容女人的成长蜕变过程，不止形象生动，且一语双关，是再贴切不过的比喻了。

我喜欢用一些内涵丰富且充满哲学意味的词汇来解读生命，诠释生活。

那天在人行天桥上遇见一位老太太，虽然已经到了鹤发年纪，但她全身散发出来的气息，却一点也不显老。

戴细绒的黑蝴蝶结阔沿帽，穿大红的灯笼袖毛衣，配宽松得像荡秋千一样的黑色甩裤，身材纤瘦得如同少女，走起路来腰板挺拔，脚下更是虎虎生风。唯一"出卖"年龄的，除了脸上的皱纹，便是满头的银发了。

可在她身上，我不止没看到生命的黯淡，反而有一种绽放的张力。一直用目光追随着她的身影，走了很远。

虽然绽放多用来形容美丽妖娆、姿态各异的花朵，但我更愿意拿它来形容生命的张力。

人这一生，怎么都是活着，只有把生命里那些沉睡的潜能唤醒了，自觉会呈现出一种绽放伸展的姿态，我们的人生才能更加丰满。

去哥哥茶庄品茶，我到时已经高朋满座，再无我的容身之地了。

哥哥见我来了，眉开眼笑地说："你去找燕子吧，她在那边做了店长，我们把隔壁的店面也盘下来了，那边很宽敞。"

我去的时候，燕子正在接待客户。

她起身盈盈浅笑地招呼我入座，然后一面熟稔地泡了我极爱的安吉白茶，再一边不慌不忙、落落大方、有条不紊地和比我早到的客户谈判。

顾客拼命杀价，她不直面回绝，只嫣然浅笑地给他添了新茶，不紧不慢地招呼着他把茶喝好，再时不时与我寒暄几句。

顾客见她总是一副不疾不徐的样子，知道杀价无望，又斟酌了片刻，还是下了单，且是一笔三万元左右的大单。

客户临走时笑着唠叨着："你这丫头，别看年纪不大，可真是一个人精。"

燕依然眉目含笑地说："有空过来逛时，记得进来喝茶呀！"

等顾客走远了，她转身给其他店员交代了那笔单子的包装规格之后，再回来陪我喝茶聊天。

那天她穿了一件杏黄的束腰、镂空长款连衣裙，一头微烫的卷发自然地披在肩上，戴了白珍珠耳环，显得既妩媚生动，又优雅迷人。

我由衷地感叹着："燕，你可以呀！"

她不好意思地低头一笑："顾客打趣我也就算了，连姐姐也来打趣我。"

我拉着她的手，非常诚恳地说："我说的都是实话。听哥哥说，你现在年薪已经拿到近二十万元了。"

她轻轻点点头说："差不多吧！"

我看着眼前美丽聪慧、颇有韵致的她，不禁分外感慨，不由自主地便想起初见她的情景来。

我认识燕时，她才十八岁，正是花骨朵一样的年纪。那时她刚刚从农村来到城市，在哥哥的茶庄里做了一名打杂的茶小妹。

那时的她，看起来不过是一个青涩懵懂的黄毛丫头，讲着并不标准的普通话，穿着艳俗且毫无质感的衣服。

因为老家常年风沙很大，在她的身上，不仅看不到少女应有的灵韵和清秀，反倒有了岁月的沧桑感，不过好在她极其爱笑。只是笑起来的时候，脸上那两块像小太阳般的高原红，就愈发地耀眼了。

那时大家总拿她的高原红打趣，也从未见她气恼，总是乐呵呵地笑着。

有一天，刚好我去买茶，听到别人开玩笑问她："燕，你以后有什么打算？还回甘肃生活吗？"

她一脸认真地说："我要留在西安，西安多好啊！我要买房，成为地地道道的西安人。"

那人笑笑，女孩子家，要想留在西安，找个好婆家就行了！

没想到燕把脖子一拧："才不呢，我有手有脚的，为什么不能自己努力？"

大家顿时嘻嘻哈哈地大笑起来，有心直口快的顾客大声说："真没想到这丫头还挺有志向的，竟然没看出来，还是个倔姑娘。"

也许对别人来说，那只是一句玩笑话，可是燕自己知道，那就是埋在心田的一粒种子，是她为之奋斗的一个梦想。

虽然只是茶小妹，但她处处留心，很快便对茶叶知识了如指掌，对店里茶品的位置和存量也分外熟悉，自然就成了哥哥嫂嫂的得力帮手。不仅如此，她还非常有心地留意哥哥嫂嫂招呼顾客时的一言一行。

而后听说她又上了成人夜大，后来再见时，她的皮肤逐渐变得水灵细腻，在穿衣打扮上也开始慢慢有了自己的品位。

三年后，哥哥开了分店，让她去当了店长。

第一年她便创收五十万元，哥哥直接给了她五万元的奖金。

据说那几年生意好做时，最好的一年，不过四十来平方米的小店，她硬是把毛利润做到了三百万元。到今天，她在这个行业整整八年了，店面也从当初的四十平方米，扩充到了现在的一百平方米，她带着四个茶小妹独立经营。

由于业绩突出，哥哥除了正常的工资外，还给了她公司的股份。

现在的燕，不止成了古城人，买了房，还买了自己的车。

每次想到燕时，感觉她就是一朵寂静清幽的旱莲。起初，她只是一株并不起眼的小草，可能量积蓄够了，自然就开出了迷人幽香的花朵。

另外一位让我敬佩的是"女王"，如今已经四十岁出头了。在她的身上，不止没有岁月的痕迹，也少了人到中年的尴尬。她不止把自己活成了一朵花，让跟着她一起创业的女性，也都活成了妖娆的女人花。

她三十岁时离婚，曾经身无分文，也毫无背景。

可如今的她，不止拥有上百号员工的公司，俨然已成为她们的人生向导和精神领袖。

正是凭着那股不服输的精神，凭着超出常人数倍的努力，在不断的自我雕琢打磨下，经过十多年的努力拼搏，才有了现在灼灼的光芒，像一朵雍容华贵的牡丹，尽情地绽放在自己的人生舞台上。

前几天，我在午夜时分收到她微信发来的消息，是一段练习演讲的小视频，叫我帮她挑毛病，说是在为一周后的公司年会作准备。

看完我感觉已经很好了，可她说让我再仔细看看，总觉得还有不妥的地方，希望自己可以做得更好。

看着视频中端庄大气、高昂激越、眼眸里闪着星星的她，一股温暖而感动的情愫瞬间溢满心田。

　　她这一路走来的辛酸和苦楚，我一清二楚。

　　然而到了今天，一切的苦难都过去了，她早已以一种绽放的姿态，把自己活得妖娆而娉婷了。生活里虽然有泪水，但他们却并不相信眼泪；生活唯一能够善待的，便是足够努力的人。

　　对于很多家境优越的女性来说，青春飞扬的年纪，就是含苞待放的花骨朵，就是娉婷妖娆在春光里的一枝花。但对于大多数人来说，没有良好的家庭背景，甚至没有接受过良好的教育，她们所拥有的一切，都需要自己一点一滴地去积累，去努力。

　　生命也如花开，有展颜欢笑的喜悦，必定也有低沉落寞的清愁。曾经，我们那么希望自己都能是开在温室里的一朵花；可事实上，多数的人只能生活在餐风饮露的旷野里，只能长成历经风雨磨难的一株草。不管未来是否能够开放，我们都要努力地面朝朝阳，努力地绽放自己。

　　雪后初霁，窗外的蜡梅开了，阵阵清香扑鼻而来，几滴消融的雪水挂在金黄的花朵上摇摇欲坠，那些晶莹剔透的水珠儿，也曾经是生活里的眼泪吧？

　　我微微地闭上眼睛，默默地对着蜡梅祈愿："不管此生经历多少坎坷，我都要努力把自己活成一朵花。"

　　走过经年，你终会发现，热闹和冷清都是生命里必不可少的风景，在众声喧哗之外，或许更能听见自己内心真实的声音。

　　就这样静静地绽放在时光深处吧！哪怕只是那历经煎熬，却依然能够在烈烈寒风里独自俨然的蜡梅，在这短暂的一生中，只要认真地开着，努力地活着，就比什么都好！

感谢曾经的不完美

完美是个小妖精，美得恍如隔世，却又总是遮着神秘的面纱，让我们难识庐山真面目。可是，所有的人却又都心甘情愿地拜倒在它的石榴裙下，仿佛被它施了法术，一生都受着它的魅惑，让你欲罢不能。

更多的时候，你以为自己是个幸运儿，以为已经接近它了，以为终于可以看到它的真实面目了，然而它却只是对你嫣然一笑，优雅而顽皮地转身飞走了。你抓不住也摸不着，只能怅然若失、愁肠百结地呆立在原地，止不住地对着它朦胧的身影心心念念，却又只能无限惋惜地再声声叹。

唐代大诗人李商隐说："夕阳无限好，只是近黄昏。"这也是对不完美的一种喟叹。落日熔金，天地浩大，万物沉浸在一片柔黄的光晕里，像蒙娜丽莎静谧恬淡的微笑，也像那些花满枝丫但已经久远了的青葱岁月，这是多么美妙的景象，多么富有诗意的场景。可遗憾的是已经到黄昏了，夕阳就要西下了，一切都留不住了。

笔墨枯瘦造就的飞白，在常人看来，也是一种不完美，好像墨汁蘸得少了，给人一种虚而不实的感觉。但实际上这种飞白效果，恰恰是现在很多书法家求而不得的境界。相传东汉时期的书法家蔡邕看匠人粉墙，无意中受到启示，便突发奇想要把这一方法用于书法，随后潜心钻研。功夫不负有心人，在百般尝试后，终于练成了黑色中隐隐露白的笔道，这样的字迹飘逸飞动，别有一番风味。众人觉得有趣便争相效仿，还称他的这一写法作"飞白书"，而后一直沿用至今。

秋月静美，春花灿烂，它们都是人间的良辰美景，然而却无法在同一个季节并存。月有阴晴圆缺，人间更是有说不尽的悲欢离合，数不完的喜怒哀乐。

此事，自古难全。生活在这苍茫的红尘里，我们的生活，我们的人生，何曾有过完美的时刻？

但正是有了不完美，有了错误、失败、挫折、打击，我们才有了成长上升的空间，才一天天变得成熟稳重，变得淡定从容。我们的人生，也因为有了那些不完美的洗礼和磨砺，才愈发地有了生动、坚韧、丰盈而饱满的力量。

一马平川、一帆风顺的畅达，一定不是生活，必然会少了很多回味悠长的余韵。

提及初恋，每个人都会念念不忘，喟叹不已。甚至在若干年后，在某一天某一刻突然忆及那段陈年往事时，内心深处依然还有着酸酸甜甜的惆怅。

倒并不是因为那份记忆有多甜蜜，恰恰相反。因为青春年少，横刀立马，不肯妥协；因为勇往直前，渴慕远方，所以更容易错过。直到我们醒悟过来时，已如秋风过境，呼啦啦就过去了，再也无法挽回了。别无他法，我们只能带着遗憾和惆怅上路。那段往事，只能是凝结在心头的朱砂痣，是一生隐隐作痛的怅然若失。

念一声，再叹一声，叹到后来，便血肉模糊得无从追寻了，唯一能够记得的，便是到底还是失去了。

因为永远的失去，那段记忆也便格外深刻，格外令人回味和惋惜。后来，倒是慢慢学会了去爱，去谦让；学会了包容，珍惜……

可惜，这世间没有人会为你的幼稚埋单，在感情的世界里，没有人会永远站在原地等你。错过了，便是永远，便再也回不了头了！

人这一生，无论做何种选择，都有顾此失彼的一面，人生不如意十有八九，不可能存在十全十美的生活。一旦投入生活的怀抱，我们都在命运的旋涡里打转，谁敢妄言自己的生活，或者人生就是完美的呢？

《元曲》里说："人无千日好，花无百日红。"可见这世间人事，终是以不完美居多。

尽管我们对生活有着清醒的认识，但更多的时候，我们依然生活在感性中。

人非草木，孰能无情、无心？一念起便会心动，因为有了感性的存在，我们对完美的渴望和追求，也就从未停歇过。

于是我们都成了作茧自缚的蚕，一次次把自己困在茧中，尽管身心俱疲，困苦不堪，可从未放弃过挣扎，放弃过对光明的追求。也似那渴望成蝶的毛毛虫，为了生活、名利、财富、荣誉、自身价值，甚至是爱情、亲情、友情，一次次在欲望的洪流里极力地挣扎着，一次次仰望着梦想的高度，纵使尘满面、鬓如霜，也会马不停蹄，永不放弃地跋山涉水。

我们始终坚信，终有一天，自己也会蜕变成蝶；终有一天，我们也会攀登到山顶，有了一览众山小的豪迈。就这样，数也数不清的日子，日复一日，年复一年地匆匆往前走着……

还记得小时候，我生性木讷，寡言少语，不喜欢体育活动。每次期末通知单上的评语，老师都说我呆板，生性不够活泼。

那时特别自卑，我也想像其他孩子一样活蹦乱跳，欢呼雀跃。可试了几回，还是觉得索然无味，很难融入其中。我甚至不懂，他们为什么那么欢腾；就像他们不懂我的安静和沉默一样。

慢慢长大了，我知道每个人都有自己的性格，便不再受那些评语的影响，依然我行我素地喜欢安静。直到现在，还是安静的时候居多。

静下来的时候，点了檀香，喝安吉白茶，听一些古琴曲；然后在斜飞的日影里，把心底那些缥缈如云的思绪，化成一行行温暖的文字。

这样安静的时光，多好！

也正是因为喜静，不喜欢应酬，少了呼朋引伴的喧嚣热闹，我才有更多的时间驰骋在文字的王国里。于是我的文字，也在这寂静如水的时光里，慢慢有了安静、温婉、细腻的味道。

因为来自农村，因为从小父母的教导，耳濡目染了山村人的朴实、诚信和厚道。常常在面对别人的求助时，只要力所能及，总是鼎力相助；

也在对别人做出承诺时，总是极力守信。很多时候，别人随口一言我也会当真。

有人觉得我傻，但也正是因为这种傻傻的性格，身边的朋友，多数也倒对我坦诚相待。在我遭遇困难时，总有一些人会默默地支持我、鼓励我、帮助我。

当然也遭遇过欺骗、背叛，甚至是被人利用，但那些毕竟是很少的一部分。我把那些都当成了生活对我的磨砺和考验。因为那些体验，让我学会了识人辨物，学会了保护自己。这何尝不是一件好事呢！

初始做管理时，因为稚嫩，工作方式欠妥，思虑不周被领导当众批评。当时很不开心，觉得领导太苛刻严厉，恨不得找个地洞钻进去。隔了一段时光再回头看时，内心却充满了深深的感激。那些年，恰恰是自己成长最快的时光。

我们的人生只是一趟单程列车，只能从起点到终点，根本没有圆满一说，更不存在完美。也许在当初令你万分沮丧的事情，隔了几载的春花秋月再回头看时，就会是气象不同的柳暗花明；那些曾经令你委屈哭泣的事情，你终于可以笑着说出来了。

尽管人生并不存在绝对的完美，但我们的一生，却总在挑挑拣拣，寻寻觅觅，跋山涉水；总在努力地吐丝织网，努力地为自己的人生画圆。

只是到了最后，依然不圆。人生毕竟不是圆规，无法固定地以一个点作为圆点，再围绕着另外一个点去旋转。尽管依然不完美，但却因为努力、坚持、不抛弃、不放弃，因为时光的打磨，因为成长和蜕变，我们已由那个尖锐逼仄的葱绿少年，变成了温润、通透、大气、蕴含着自己独特气韵的玉石。正是有了这份底蕴，有了不完美的打磨，我们的生活，终会一天比一天变得更美。